大果榛子

栽培技术

主　编
聂洪超

副主编
陈　涛

编著者
孙万河　张玉君　刘　坤
周洪富　张铁华

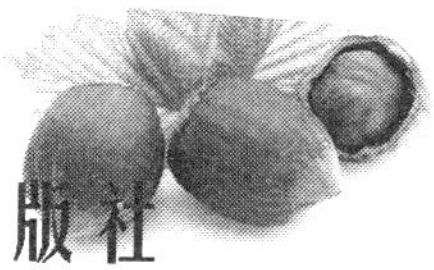

金盾出版社

内容提要

本书由辽宁省果树科学研究所的果树专家编著。内容包括：概述，榛子品种资源，榛子树生物学特性及对环境条件的要求，苗木繁育技术，榛子园的建立，榛子园管理技术，野生平榛林的垦复技术，病虫害及其他灾害防治，榛子果实的采收、贮藏与加工等。内容通俗易懂，科学性和可操作性强，适合广大果农和基层农业技术人员学习使用，亦可供农业院校相关专业师生阅读。

图书在版编目(CIP)数据

大果榛子栽培技术/聂洪超主编．—北京：金盾出版社，2013.6(2019.1 重印)
ISBN 978-7-5082-8117-9

Ⅰ.①大… Ⅱ.①聂… Ⅲ.①杂交—榛—栽培技术 Ⅳ.①S664.403.6

中国版本图书馆 CIP 数据核字(2013)第 034206 号

金盾出版社出版、总发行
北京市太平路 5 号(地铁万寿路站往南)
邮政编码：100036 电话：68214039 83219215
传真：68276683 网址：www.jdcbs.cn
双峰印刷装订有限公司印刷、装订
各地新华书店经销
开本：850×1168 1/32 印张：5 字数：115 千字
2019 年 1 月第 1 版第 3 次印刷
印数：8 001～11 000 册 定价：16.00 元

前　言

棒子树在我国是一个古老的树种，由于其独特的风味和丰富的营养，深受广大消费者青睐。利用榛子树采集榛果已有 5 000～6 000 年的历史，而园艺化大面积栽培只是近十几年的事。

我国榛子品种主要是以平榛为主的一些小果榛子，其品质及适应性都很好，但就是果实太小，产量低，人工栽培经济价值不高，因此，多年来一直处于野生状态。引进的欧榛系的一些品种，由于其适应性较差，在生产上也没有发展起来。

20 世纪 80 年代初，以梁维坚教授为代表的我国科技人员，展开了榛子树的杂交育种研究工作。经过 20 年的努力，于 1999 年培育出平欧杂种榛，该品系的一些新品种的推出在生产上表现非常好，它们集中了欧榛及平榛的优点，果大、丰产、抗寒、优质。

平欧杂种榛的培育成功，结束了我国榛子生产只利用野生资源的历史，从而走向了园艺化栽培，同时也促进了我国榛子树栽培科学研究的发展。我国的一些科技工作者先后开展了榛子树的生理生化、分子生物技术、修剪技术、繁殖技术、病虫害防治等生理和栽培方面的研究工作。在中国林业科学研究院王贵禧研究员的带领下，于 2011 年 9 月成立了“中国经济林协会榛子专业委员会”。

尽管在榛子栽培上开展了多方面研究，但由于榛子园艺化栽培年限较短（在生产上，只有十几年的时间），有很多栽培技术问题没有解决。如榛子栽培品种上的食心虫（榛实象鼻虫），在平欧杂种榛系的品种上近两年才发现危害；一些病害，在病理上还没有完全搞清楚；在需肥规律上还需进一步研究，在整形修剪上的树形及修剪方法上，前期提出的主干形、丛状形树形，很难达到丰产要求。辽宁省果树科学研究所根据榛子树干性弱、喜光、枝条易枯死等特点，以及生产上丰产树的调查，加之十几年的树形对比试验，提出了“低干多主半圆形”及相应的修剪方法，但还需要生产上的进一步验证。

总之，我国在榛子栽培技术上空白点较多，很多技术也不是太成熟，需要我们针对生产上存在的问题，加以研究，再应用于生产，使榛子栽培技术不断完善。

本书的编写是在我国著名榛子专家梁维坚教授一些资料的基础上，并借鉴同行们的经验，加之笔者十几年的试验研究及生产调查结果。不当之处，敬请读者批评指正。

编 著 者

目　　录

目　　录

目 录

第一章 概　述

一、绪　论

(一)我国榛子生产发展概况

榛子是重要的坚果果品，是世界四大坚果之一，由于它的独特风味和丰富营养，深受消费者喜爱。榛树栽培在中亚、西亚及欧洲已有上千年的历史，经历了野生采集、野生榛子选种、人工驯化栽培、逐渐改良品种和提高栽培技术的过程，目前，在欧洲已实现了集约化栽培。我国利用野生榛子已有 5 000～6 000 年的历史，历代的文献记载了人类采集野生榛子食用，而没有进行人工栽培。我国的榛子品种主要以平榛为主，其果实小，产量低，人工栽培经济价值不大，因此一直处于野生状态。国外栽培的榛子为欧洲榛(*Corylus avellana* L.)，我国最早引进欧洲榛的是庐山植物园，1948 年引进后保存于该园内。而后，20 世纪 50～60 年代南京林学院等单位陆续引进欧洲榛，20 世纪 70 年代许万英等引进欧洲榛在大连试验栽培，20 世纪 90 年代梁维坚等又从意大利、美国引进多个品种，在河北、山东试验栽培。到目前为止，欧洲榛在我国只是试验栽培，没有扩大栽培规模。与此同时，辽宁省经济林研究所梁维坚等开展的榛子杂交育种试验获得成功，培育出平欧杂种榛，具有欧榛的大果、丰产，又有平榛的抗寒、优质等特点，并有较强的适应性，在我国北方大部分地区都可以栽培。于是，自 20 世纪 90 年代开始，我国进入了榛子的园艺化栽培阶段。

平欧杂种榛的培育成功，推进了我国榛子栽培的发展进程。目前，我国榛子栽培的主要品系是平欧杂种榛系，其次是平榛系。平欧杂种榛主要靠营养繁殖（利用母树基生枝直立培土压条），大部分品种生产表现都很好，只有个别的利用种子繁殖，其实生苗建园后冻害严重，抽条甚至不结果。平榛系主要用种子繁殖，栽植实生苗。平榛优系营养繁殖的是极个别现象。平榛的实生苗个别的栽后 2～3 年可以见到果实，大部分需要 6～7 年，且产量较低，果实质量差别也较大。

我国榛属植物资源比较丰富，在世界榛属植物 16 个种中，原产自我国的就有 8 个种。从我国北部的黑龙江至西南部的贵州、云南、西藏等 22 个省（自治区、直辖市）都有分布，并且东北、内蒙古有大片的野生平榛林，类型多样，为进一步开发利用及改良品种提供了有利条件。

（二）世界其他国家榛子的发展情况

目前，世界上一些榛子主要生产国家栽培技术先进，基本上实现了集约化栽培，选用优良品种，配置授粉树建园，整地、土壤耕作、喷药、施肥、灌水、割草、采收、采后处理等作业均实现机械化，树体营养的供给通过营养诊断，实现科学施肥。从而使榛子坚果产量、品质大大提高，生产成本大大降低，栽培者获得较好的效益。因此，榛子栽培在主产国家正稳步发展。

1. 土耳其 土耳其为世界榛子生产第一大国，栽培历史在 1 000 年以上，目前在土耳其 67 个省中，栽培榛子的就有 30 个省。主要分布在土耳其北部、黑海沿岸 25 千米宽的狭长地带，其中以吉雷松省(Glreson)、奥尔杜省(Ordu)、沙姆松省(Samson)、特拉博宗省(Trabzon)最为集中,垂直分布在海拔高度750米以下。榛子、榛仁及其加工产品是该国家重要的出口物资之一,榛子生产在国民经济和人民生活中占有重要地位,被誉为"国宝"。

土耳其的榛子栽培主要有以下特点:一是榛子栽培品种良种化程度高,良种栽培面积占70%以上,吉雷松省达90%以上。主要栽培品种来源于欧洲榛及欧洲榛与大果榛的杂交种。主栽品种有特姆布尔(Tmbul)、西维瑞(Sivri)、派拉兹(Palaz)、因塞卡拉(Incekara)等。其中前两种占栽培面积的70%,以派拉兹作为授粉品种。二是选择适宜的气候条件和地势土壤条件栽培。土耳其榛子集中在海拔500米以下,气候温和,冬暖夏凉,年降水量在700~1 300毫米,土壤肥沃的地区栽培。三是栽培技术以整形修剪、施肥、割草为主,病虫害较少。树形以多干丛状形为主,采收以手工采收为主,生产过程机械化程度不高,单位面积产量较低,平均每公顷产量为1.1吨。四是研究机构以吉雷松榛子研究所、安卡拉大学等单位为主,主要从事选种及杂交育种研究,以选育更高水平的品种为主。现已选育出优良品种卡尔格拉克(Kargalak),其坚果直径超过20毫米,单果重2.8克,出仁率达到50%,为大果优良品种。五是土耳其榛子生产已实现标准化,已经制定了榛子仁、榛子果实行业标准在全国实行。

2. 意大利　意大利的榛子栽培已有1 000年以上的历史。但是采用现代化园艺栽培是从20世纪20年代开始的,经历了50~70年代的大发展时期,形成了现在的栽培格局。

意大利全国榛子栽培面积7.14万公顷,年产量12.02万吨,平均产量为1.55吨/公顷。主要产区有4个:一是卡姆佩尼亚大区,位于亚平宁半岛的中南部,栽培面积3.05万公顷,年产量为5.8万吨,占全国58%。二是拉齐奥大区,栽培面积1.62万公顷,年产量为1.6万吨。三是佩尔莫恩特大区,位于意大利北部,栽培面积 0.67 万公顷，年产量近 1 万吨。四是西西里大区，位于西西里岛，栽培面积为 1.8 万公顷，年产量为 1.1 万吨。意大利的榛子栽培主要特点如下。

(1)气候适宜 意大利位于地中海地区，属于地中海式气候，适于欧洲榛生长结实。

(2)良种化程度高 全国商业化栽培良种占 90%以上，主栽品种有都达-泽佛内(Tonda di Giffoni)、都达泽恩蒂-罗曼娜(Tonda Gentile Romana)、都达泽恩蒂-兰佛(T. G. D. L.)、莫塔瑞拉(Mortarella)、卡姆佩尼亚(Campanica)、圣泽瓦内(San Giovanni)。

(3)栽培技术先进 意大利榛子的栽培密度已由过去的 7 米×7 米、8 米×8 米，逐渐缩小株、行距，加大栽植密度。先进的农场即使在肥沃的土壤条件下，也采用 4 米×4 米、3 米×5 米的株、行距，每公顷栽植 600～666 株。在树形方面，过去采用少干丛状形(大株行距)，现在实行密植栽培的园地采用单干形树形。目前意大利榛子栽培中，少干丛状形(3～5 个干)和单干形并存。都灵大学正在试验高密度园，行距 6 米、株距 0.4 米，每公顷 1 400 株。采用"V"字形树形，13 年生树每公顷产量为 1.1 吨，但目前这种树形没得到推广。在施肥技术上，以营养诊断为依据，即进行叶分析和土壤分析决定施肥的配比，予以科学合理施肥。尤其重视氮、磷、钾配比及钙、镁、硼等微量元素的施入。由于采用上述先进栽培技术，全国榛子平均单产 1.55 吨/公顷，名列世界前茅。

(4)机械化程度高 意大利建园采用机械挖穴，整地、施肥、土壤耕作、喷药、割草已全部实现机械化，灌水、施肥采用管道自动化。较先进的农场采收及采后果实处理过程已实现机械化、自动化。

(5)榛子及榛仁食品加工先进 意大利榛子采收后集中运至加工厂，从清洗、分级、脱壳、烘烤至贮藏全过程均实现了机械化和自动化。其榛仁食品加工业属世界最先进的，加工品种有“岩石巧克力”球系列、榛仁甜点心系列、榛子巧克力酱系列、榛子冰淇淋系列等几百个品种，加工风味独特，质量上乘，在欧洲很有名气，经济效益非常可观。

(6)品种改良与研究 意大利榛子研究机构集中于各大学及果树研究所，主要有都灵(Torino)大学树木栽培系、佩鲁贾(Perogia)大学树木栽培系、土西亚(Tuscia)大学植物系、都灵果树研究所、意大利林业部卡赛塔果树研究所等。具体研究方向是培育新品种，增加主栽品种数量，改善品种组成，出仁率提高至50%；果仁品质要求光洁，果仁皮(种皮)易脱离，风味好；坚果圆形，脱壳方便，更易于加工的品种；树体根蘖少，树冠直立性强，便于机械化操作等。目前都灵大学已通过杂交育种培育出104E(Daria)等优良品种。

3. 美国 美国的榛子生产自1885年欧洲榛引入美国开始，已有100多年的历史，现在美国仍保存有70年生的大榛子树栽培园。美国的榛子栽培有90%分布在美国西海岸的俄勒冈州，由于气候条件与欧洲的地中海相似，使榛子栽培业逐渐发展起来。

美国的榛子栽培技术先进，如主产区俄勒冈州栽培园大多设置在平地和缓坡地，土质肥沃。栽培方式多以正方形或长方形栽植，以便于机械化作业。其栽培密度方面由大树冠稀植向小树冠密植方向发展，如20世纪20～30年代的栽培园株、行距均为9米，而现在栽培园行、株距为5.5米×3米。在施肥上，以营养诊断为依据，有针对性地施入不同种类的肥料，保证树体生长发育所需养分。病虫害防治和耕作、施肥、灌水、采收等大部分作业均采用机械化，使用人工作业少。在苗木繁殖方面，采用无性繁殖，许多农场及苗圃建立大面积繁殖圃。其繁殖方法为直立压条法，定植株距为1～2米、行距为4米，利用苗木每年产生的许多新萌生枝，进行压条繁殖。个别农场已开始试验嫁接繁殖，砧木是共砧，用嫁接机切削，人工绑扎，室内嫁接，然后用电热加温愈伤，再栽到苗圃里。

美国俄勒冈州榛子委员会，非常重视榛子育种研究，每年投入大量经费资助俄勒冈州立大学进行育种研究。该大学的生命科学系育种研究历史悠久，现设有 50.7 公顷榛子育种试验场，并收集了全世界的榛属种质资源，主要开展欧洲榛品种间的杂交或回交，以选育出目的品种。于 1990 年推出的新品种 Lewis 及 Willemlet 为大果抗病品种。但由于无性繁殖(自根苗压条)增殖率低，加之农场主考虑更新品种的经费支出增加，致使在生产中新品种推广很慢。因此，目前美国生产上的榛子品种主要是老品种巴塞罗那(Barcelona)，约占栽培面积的 80%，埃内斯(Ennis)占 10%，卡西纳(Casina)占 3%，其他品种栽培量很少。

二、用途及经济价值

榛子是世界四大坚果之一，其果仁风味佳，营养价值高，不仅是人们喜爱的坚果，又是主要木本油料作物。发展榛子生产，既能促进增收致富，带动农业和农村经济发展，丰富果品市场，增加出口创汇，又可绿化荒山及改善生态环境，还能产生很大的经济效益，是当前山区农业产业结构调整的首选项目之一。

目前，我国栽培的榛子品种以平欧杂种榛子为主。平欧杂种榛子也称杂交榛子、大果榛子，是由辽宁省科技工作者利用平榛与欧榛种间远缘杂交培育而成。经 20 多年的试验研究，从杂交一代中筛选出的杂交优系，已在生产上有较大面积的发展。根据 10 多年的各地引种栽培表现，平欧杂种榛可以在我国北纬 42°～32°的广大地区栽培，即长江以北至北纬 42°地区的适生区均可栽培。具体包括辽宁大部分地区、河北、山东、河南、江苏北部、安徽北部、山西、内蒙古南部、陕西、宁夏中南部、甘肃、青海南部、四川北部、新疆、云南、西藏南部等地区，即年平均温度7℃～15℃的地区均可栽培。

平欧杂种榛的培育成功，在榛子领域的研究上是一重大突破，结束了榛子在中国没有园艺化栽培的历史，扭转了榛子市场只进口不出口的局面。目前，在国内已掀起了榛子栽培热，在很多地区从榛子的苗木和果实已给果农带来了可观的经济效益。

（一）主要营养成分

榛子果仁营养丰富，据分析，榛仁含脂肪57.1%～62.1%，蛋白质16.2%～21.12%，碳水化合物6.5%～9.3%，水分4.1%～5.1%，还含有多种维生素及钙、磷、钾、铁等矿物质元素（表1-1和表1-2）。

表1-1 平榛营养成分

营养成分	脂肪（克）	蛋白质（克）	碳水化合物（克）	热量（焦）	灰分（克）	水分（克）	维生素C（毫克）	维生素E（毫克）	维生素B（毫克）	钙（毫克）	磷（毫克）	铁（毫克）	钾（毫克）
每100克果仁的含量	58.03	21.12	6.91	2 165	2.4	2.8～5.8	33.9	14.2	微量	307	91.1	7.85	581.5

表1-2 平欧杂种榛营养成分

营养成分	脂肪（克）	蛋白质（克）	碳水化合物（克）	热量（焦）	灰分（克）	水分（克）	维生素C（毫克）	维生素E（毫克）	维生素B（毫克）	钙（毫克）	磷（毫克）	铁（毫克）	钾（毫克）
每100克果仁的含量	57.1～62.1	16.2～18.0	6.5～9.3	2 782	2.4	4.1～5.1	33.9	14.2	微量	307	300	7.85	581.5

(二)食品及药用价值

榛仁风味清香,营养丰富,含热量高,因此成为人们喜爱的干果食品。榛仁广泛应用在食品工业中,以榛仁为原料可制成多种多样的糖果、巧克力、糕点、冰淇淋。此外,以榛仁为原料制成的榛子粉、榛子米、榛子乳、榛子酱等高级营养品,特别适宜儿童、年老体弱及病后恢复的人群享用,是健康益寿的佳品。

榛仁可入药,据《开宝本草》记载:"榛仁性味甘、平,无毒,有调中、开胃、明目功用"。果壳是制作活性炭的原料,树皮和果苞含单宁物质达 8.5%～14.5%,可提炼制成栲胶。树叶含粗蛋白质15.9%,可用来养柞蚕及作猪饲料。榛木坚硬致密,可制手杖、伞柄,也可做架材。榛树根系发达,而且呈水平状分布,可以固定土层,防止土壤冲刷和滑坡,是水土保持及改良土壤的良好树种。此外,榛树自然生长为灌木状,可以作家庭绿篱栽植。刺榛有带刺的果苞,欧洲榛具有多种颜色的叶片和弯曲的树枝,可以作为庭院及公园等观赏树种配置。

除上述经济价值和多种用途外,榛子还具有以下特点:一是榛子树对土壤、地势的适应性强,可以在山区、丘陵地、沟谷、河边地种植,可充分利用土地资源。二是榛子果实耐贮藏运输,可以在交通不便的边远山区种植。三是榛子作为经济作物,具有投入少、易管理、见效快、经济效益高等特点,因此对山区农民增加收入、脱贫致富具有重要意义。

(三)具有油料作物发展潜力

榛仁可以榨油。榛油色清黄、味香,含丰富的不饱和脂肪酸。据美国专家研究,榛子脂肪中含 50%的亚油酸,能稀释胆固醇。

每周吃 5 次榛仁，每次吃 6 克，能使心肌梗死的发病率减少 50%，并可起到预防心脏病的作用（表 1-3）。

表 1-3 每 100 克榛仁与大豆的营养成分对比

营养成分	脂肪（克）	蛋白质（克）	碳水化合物（克）	灰分（克）	水分（克）	维生素 C（毫克）	维生素 E（毫克）	钙（毫克）	磷（毫克）	铁（毫克）	钾（毫克）
榛仁	59.6	17.1	7.9	2.4	4.6	33.9	14.2	307	300	7.85	581.5
大豆	16	35	34.2	4.6	10.2	0	18.9	191	465	8.2	1 503

（四）生态、绿化优良树种

我国沙化、荒漠土地较多，选择一个生长速度快、根系发达、适应能力强的防风固沙树种尤为重要。由于榛子树的根系十分发达，根冠比大，尤其是根系中地下茎的交错生长而形成了密集的网状根系。这种根系将地表至 25 厘米深的土层紧紧地包裹在一起，使土壤不易被雨水冲刷，加上地面的枯枝落叶和枝丛十分紧密，使地面径流减少，并覆盖住沙尘，其生态功能表现为固土保水，防起沙尘。因此，大面积种植榛子来迅速绿化和固化水土流失，会产生良好的生态效益和经济效益。

三、起源及历史

（一）中国榛子树起源

据潘广考证，1971 年在华北东段（北纬 40°58′、东经 120°21′），在中侏罗纪海防沟组中发现的被子植物先驱，其中有榛属植物化石，为一完整的榛子坚果压缩体印痕，坚果卵形，长25毫米、宽19毫米，顶钝尖，基部钝圆微尖，坚果表面有浅而平滑的纵面起伏，脐部直径约8毫米，据发现者鉴定为辽西榛（*Corylus liaoxiensissp. nov.*）。

据孙湘君等研究，根据1975年云南省禄丰县腊玛古猿出土发现的孢粉化石分析，距今1 000多万年前该地区有榛属植物生长。地质年代为中新世纪上部到上新世纪底部，当时正是从猿到人的过渡阶段。

上述榛子化石出土情况表明，榛子与许多被子植物一同发现于中侏罗纪，距今约1.5亿年，但其起源时期还要早，大致起源于晚古生代。

（二）中国榛子树栽培利用史

我国榛子树果实的采集和利用已有悠久的历史。在陕西省半坡村新石器时代遗址中，发现了大量已经碳化的榛果和果壳，说明距今5 000～6 000年前人类就已经采集榛子为食。

我国古书中早在3 000年前就有关于榛子的记载。《诗经》中许多诗篇写有榛子。《鄘风》中记载："树之榛栗"，还记述有卫文公徙居楚丘种植榛子树和栗树以娱晚年之故事。《曹风》中记载"鸤鸠在桑，其子在榛"。《大雅》中记载"榛楛济济"等。稍后的《山海经》中记有"上申之山之榛楛"、"潘经之山，其下多榛楛"。距今3 000年前后，我国黄河和江淮地区，漫山遍野都生长着榛子树。在公元5世纪的《齐民要术》中记述："榛……栽种与栗同。"宋代《开宝本草》记载："榛子味甘……生辽东山谷，树高丈许如小栗，军行食之当粮。"明代的俞宗本在《种树书》中记载："采收榛子时要震动结果枝条，则来年枝叶生长益茂。"王象晋的《群芳谱》记载了榛子树的嫁接技术，选榛子“实方而扁者，他日结子丰满，树高四五尺，取生子树枝接之”，明代著名的医学家李时珍，在《本草纲目》中详尽地记载了榛子树的形态特征和药用价值，其中记有“辽代、上党甚多。”

前清时期，在辽宁省开源县有“御榛园”。据开源县志记载：“榛，桦木科，自生山地……种子可食，含油最多，味极香，腴为本地有名特产，以梅家寨产最为著名，前清作进呈贡品。”

上述记载说明，我国江淮以北地区古代就分布大量的榛子树。栽培榛子树和利用榛果已有5 000～6 000年的历史。自古以来，采集榛子食用，是人们重要的农事活动，世代相传，一直延续至今，说明榛子在历史上与人类生活有密切的关系。

四、研究进展与生产现状

（一）研究进展与成就

我国榛子的研究始于20世纪60年代初，东北地区有关科研单位和院校首先开展了榛子树野生资源和自然类型的调查研究。1961—1963年在吉林省境内开展了平榛自然类型划分的研究，根据坚果形状、大小，将平榛分成9个类型组22个类型。1963年黑龙江省林业科学研究院林业研究所，在黑龙江省开展了野生平榛和毛榛自然类型的研究。根据果苞形状、大小把平榛划分为5个类型，将毛榛划分为6个类型。1961—1964年，沈阳农业大学张育明教授等开展了东北地区野生榛种类、类型、形态与生态的调查研究。1963年中国科学院林业土壤研究所及内蒙古自治区林业科学研究所等单位，分别在黑龙江省帽儿山、内蒙古自治区呼伦贝尔盟布特哈旗开展了平榛生态学、生物学特性的调查研究。

1980—1984 年，辽宁省经济林研究所梁维坚等在辽宁省的野生平榛丛林中开展了优良类型选择的研究，经过 5 年的选种，初选出 65 个优系，复选后确定 31 个优系，收集于平榛选种园中。同时对其优株坚果性状的稳定性、丰产性、生物学特性、坚果经济性状、遗传特性等方面进行了试验研究，从中选了 6 个优良品系。1980—1987 年，梁维坚、张育明还对我国榛属植物的种类、资源分布和利用价值等方面进行了调查研究。在 8 年中深入到我国 15 个省、自治区进行考察，基本搞清了我国原产榛属植物的种类、形态特性、生长习性、分布规律、资源状况、经济性状和利用价值。1985 年辽宁省经济林研究所在大连建立了榛子种质资源圃，收集了平榛、毛榛、滇榛、藏刺榛及引进的欧洲榛 5 个种(变种)65 个品种类型。在调研期间不仅获得了大批的观察资料，写出了“中国野生榛属植物调查及其利用的研究”调查报告，并在榛属分类上，梁维坚首次提出将川榛由变种恢复为种，并发现了川榛新变种——短柄川榛。

为改变没有适合我国栽培的榛子优良品种状况，我国科技工作者自 20 世纪 60～80 年代先后开展了原产自我国的平榛选优研究和引入欧洲榛工作。引种、选种虽然有一定进展，但是鉴于平榛坚果太小、果壳厚、出仁率低、产量低等弱点，而欧洲榛虽然果个大、产量高，然而不耐寒，对我国的气候适应性差，所以仍未解决适宜我国的榛子栽培品种问题。自 1980 年起，辽宁省经济林研究所梁维坚、许万英等开展了平榛与欧洲榛杂交育种研究。通过平榛与欧洲榛种间远缘杂交，将平榛抗寒适应性强及欧洲榛果个大、产量高、质优等优良遗传特性相结合，培育出抗寒、优质、高产大果榛子新品种。经过 20 多年的努力，通过杂交授粉、杂种苗培育、杂种优系的初选、复选、品种比较试验和区域试验，1999 年终于培育出第一批抗寒优质高产的平欧杂种榛子新品种达维、平顶黄、金铃、玉坠、薄壳红，并通过了品种审定和成果鉴定，同年被辽宁省林木品种审定委员会审定为一级良种，2000 年获辽宁省政府科技进步二等奖。2006 年鉴定品种有辽榛 1 号(84-349)、辽榛 2 号(84-524)、辽榛 3 号(84-226)、辽榛 4 号(85-41)等，2006 年以后鉴定品种有辽榛 5 号(80-4)、辽榛 6 号(80-14)。还有抗寒优良品种、品系例如平欧 110 号、平欧 15 号、平欧 33 号、平欧 545 号、平欧 48 号、平欧 69 号、平欧 349 号、平欧 21 号等多个优良品系准备命名并推出。这是国际上首次培育出的抗寒大果榛子新品种，它不仅增加了榛属植物新的品种资源，而且将大果榛子栽培界线向北推移了 10 个纬度(由北纬 36°推至北纬 46°)，更重要的是它填补了我国榛子栽培品种的空白，标志着我国无榛子品种生产史的结束和由野生走向园艺化栽培的开始。这是我国榛子科研生产发展的重大进展，将为我国榛子园艺化栽培提供重要条件和坚实的基础。

中国林业科学院林业研究所现在正在开展第二代榛子杂交育种工作，确定其育种目标：壳薄、出仁率高(40%以上)、抗寒性好(可抗－40℃)、易加工。榛子组培在国内已有相关报道，如中国林业科学院林业所、吉林师范大学生态环境研究所、新疆农业大学等在组培上取得一定进展。榛子的绿枝扦插已取得了成功，目前已在生产上应用。

辽宁省果树科学研究所开展了榛子的栽培技术研究工作，取得了一定的进展。借鉴苹果矮化砧木繁育方法，研究提出了榛子苗木培育新技术，使榛子苗木繁育数量倍增：新建苗圃第二年，每 667 米^2 繁育苗木 2 000 株，第三年 4 000 株，5 年以上成龄苗圃每 667 米^2 繁育苗木 8 000 株左右。在榛子树的整形修剪技术上，经过 10 余年的试验研究，提出了适于榛子树生长发育的低干多主半圆形树形、相应的整形修剪方法以及修剪指标。

(二)生产现状

1. 野生榛的垦复利用 中华人民共和国成立以后,政府重视野生榛树的保护,提倡合理利用与经营管理。20 世纪 60 年代初期,国家号召发展木本粮油生产,各地林业科研单位及原沈阳农学院等高等农林院校陆续开展了野生榛的调查和试验研究工作。在野生资源集中地区建立了垦复榛子园。采取清林疏伐、平茬等措施,对野生榛进行栽培管理,提高了榛子产量和质量。1965 年辽宁重点产区之一的铁岭地区产榛子 1 500 吨,国家收购 1 200 吨。

据 20 世纪 60 年代统计,辽宁、吉林、黑龙江、内蒙古等省(自治区)及河北北部有野生榛林 160 万公顷。榛子产区群众在长期的生产实践中,总结出许多好的经验,如用平茬更新的方法提高榛子结实力,用分区平茬的方法解决农村群众烧柴,以达到"以果为主,果柴兼用"的目的。在采收方法上辽宁省开原市、西丰县,吉林省梨树县实行了适时集体采收,统一采收时间,与邻近地区协作联防的方法制止了榛子提早采收的旧习,使榛子的产量、质量得到保证。

随着科研工作的进展及市场对干果需求的增加,20 世纪 90 年代对野生榛树栽培利用也有新的发展。辽宁省铁岭市在当地林业科学研究所多年试验基础上,推广野生榛林垦复技术,收到了较好的生态效益和经济效益。

目前,在野生资源利用方面,仍然存在着栽培管理粗放、割柴频繁、资源逐渐减少、掠青(提前采收果实)、虫害严重等问题,对榛子的产量和质量有一定的影响。

2. 榛子品种 现生产上栽培的榛子主要是平欧杂种榛系列。目前,我国榛子优良品种标准还需探讨,现标准只要是大果、丰产、抗寒就可以了。现阶段,鉴定的一些优良品种数量多,都各有其特点。下一步榛子育种目标是在继续提高抗寒性、适应性的同时，应兼顾培育含油量高、适合加工的品种。榛子属于干果，又是重要的木本油料作物，其产品大部分是用来加工。因此，含油量高低、加工难易是其重要指标。

3. 榛子栽培技术

(1)苗木繁育技术 目前，生产上优良品种榛子应用的繁苗技术为压条繁殖。因为压条苗繁殖材料来自成年树上的根蘖，故其生理年龄是成熟的。这样既能保持品种的遗传性状，又有利于提早结果，因此压条苗可以直接用来定植建园。

现在榛子优良品种的常规繁苗技术，繁殖方法复杂，用工量较大，单位面积出苗量少，平均每 667 米^2 出苗量在 1 000 株左右。目前，辽宁省榛子优良品种年繁苗量约 400 万株，这大大制约了榛子的发展进程。

辽宁省果树科学研究所的榛子苗木繁育新方法，在生产上已开始应用。应用此方法 3 年以上的成龄苗圃，每 667 米^2 每年可繁育标准苗木 4 000～8 000 株。在繁苗过程中除捆绑铁丝、起苗用人工外，其余作业项目全部是机械化。压条苗基部用动力喷雾器喷布生根剂，压条苗培土利用培土机等。

榛子扦插繁殖在生产上已有应用(但利用扦插繁殖的苗木数量不足 10%)，一般采用绿枝扦插。绿枝扦插使用的插枝条处于半木质化状态，细胞分裂分化能力强，顶芽和叶片有合成生长素与生根素的作用，可促进愈伤组织的形成和生根，容易成活，成活率达 90%以上。扦插繁殖的苗木成本较高，需要有采集插条圃、扦插圃、移栽圃。因此，生产上利用的较少。

(2)树体管理技术 树体管理技术主要是整形修剪技术。根据榛子的生长特点，辽宁省果树科学研究所聂洪超等研究总结出低干多主半圆形树形及修剪方法。前期整形的主要目的是扩大树冠，增加枝量，形成一个能负担一定产量的树体结构，为以后的结果打基础；修剪就是调节生长与结果的关系，每年通过修剪（相当于平茬、强缓弱截）来培养健壮的结果母枝，为结果打基础。通过数字化修剪指标的实施，该项技术简单易学，生产效果表现较好。如定干剪掉苗木高度的 1/3 左右；短截数量在总枝量的 30%左右，要短截（剪掉枝条的 30%～80%）徒长枝、强旺枝、超长枝，培养长果枝（40～80 厘米）；疏枝量不超过总枝量的 20%（整个修剪量应控制在 30%左右）；开张角度，一般不超过 70°等。

(3)提高坐果率技术 一些特殊年份雄花序易抽干，不能有效授粉，加之品种间的授粉效果差异，致使产量减少。因此，筛选雄花序抗性强的品种作授粉树是提高坐果率的主要技术，研究品种间的授粉效果，筛选适宜的授粉树也是提高坐果率的有效途径。

(4)其他技术 病虫害防治、土肥水等其他技术由于榛子园艺化栽培时间短，研究较少，生产上大部分都是参照其他果树。

五、生产上存在的问题及发展前景

（一）生产中的主要问题

1. 品种杂乱，良种品评标准不够完善 榛子经济效益好，尤其是平欧杂种榛这一品系的一些优良品种，刚一问世就发展得非常火热。许多单位及个人为了追求效益而盲目快速繁苗，一些刚培育出的试栽品种就被大量繁殖出售，个别的甚至以普通平榛等野生榛子苗冒充优良榛苗出售。而大多数生产者又对其品种的特性不是很清晰，无法辨别，造成整个榛子生产上品种混乱。

对现有的榛子品种是否优良，很多业内人士评价不一。大部分人认为，只要该品种抗寒、丰产、个大就是好品种。目前经过命名审定在生产上推广的榛子品种，其主要指标就是抗寒、丰产、果个大。但平欧杂种榛作为一个重要的油料作物，其含油量指标以及加工性状如何并没有考虑。

2. 繁苗技术落后，苗木质量差 现在许多单位或个人对榛子的苗木繁育多采用常规繁苗技术，利用结果园来繁育苗木。繁育出的苗木不但单位面积较少，而且根系稀疏，苗高大小不一，较高的苗木达 2 米，小的只有几十厘米。对外出售的苗木分一、二、三级苗，而二、三级苗木根本就不适合建园。繁育苗木的榛子园在 7～8 年以后，母树大量抽条和死亡，这给平欧杂种榛的生产发展带来很大的负面影响。

3. 无专业化苗圃 目前生产上一般都是利用生产园繁苗，树上结果，树下繁苗。这不但造成生产园产量低，而且繁育出的苗木较少，质量差，使得该类型园经济效益低下。同时采取这种不正当的苗木繁育方法连年繁育苗木，致使榛子树大量死亡。目前，90%以上的榛子优良品种生产园都在繁育苗木。

4. 栽培技术普及较差 平欧杂种榛的出现拉开了我国榛子园艺化栽培的序幕。因为榛子人工栽培年限较短，生长结果习性较其他果树差别大，可借鉴的栽培技术较少。目前，在榛子栽培管理技术方面出现问题较多的主要有以下 4 方面。

第一，栽植密度大。榛子幼树结果年限较早，栽后翌年就能见果。生产上很多果农根据榛子结果早这一特点，为了追求前期产量，早见效益，建园的时候榛子栽植密度加大。这就使得当榛子丰产年限到来时，枝条伸展不开，通风透光条件差，榛子产量上升幅度较小。

第二，整形修剪技术落后。榛子的整形修剪技术比较简单，但并不是说榛子就不需要修剪。从生产上看，很多榛子园的榛子树并没有修剪，或沿用其他果树的修剪方法，修剪不到位或修剪错误，致使榛子产量较低或增产较慢。榛子的结果习性与其他果树不同，它需要长枝结果。因此，榛子修剪的目的就是要每年培养一定数量的结果长枝。在修剪中过多地轻剪缓放、过大地开张角度都是错误的做法。

第三，病虫害防治力度不够。虽然榛子抗病虫能力强，但是也需要一定的防治措施。有很多地区的果农在管理榛子树时很少防治病虫害，一些常规病虫害不知道如何防治。甚至误认为榛子树抗病虫能力强，不需要防治。

第四，间作物种植过多。在生产上，很多榛子园都大量种植间作物，造成榛子园郁闭，通风透光条件差，有的间作物还与榛子树争肥水，严重地影响了榛子树的生长发育。

5. 对榛子树品种特性、生长结果习性等不了解 很多果农对榛子树的品种特性不了解，误认为榛子树抗寒性都很强，果大就丰产。其实生产上推广的榛子树优良品种抗寒性差别很大，有的只能在沈阳以南地区栽植，有的甚至可以栽到黑龙江、内蒙古地区；丰产性也不是由果实大小来决定的。榛子树的枝条生长、雌雄花形成与着生部位、开花结果方式等与其他果树差别较大，很多果农栽培了多年榛子树甚至没有看见过榛子花是什么样的，更不知道怎样结的果，可想而知，这样又怎么能够管理好榛子树。

（二）发展前景

平欧杂种榛子的出现在我国掀起了榛子栽培的高潮。但目前榛子还是以一个休闲食品在一些山区得到一定程度的发展。其发展的动力源于榛子果实的商品价值高。目前榛子果实的市场价格在 40～80 元/千克。

榛子发展前景广阔。第一，平欧杂种榛子在我国培育成功，为我国榛子栽培业提供了充足的种源。过去，榛子生产栽培没有适宜我国的栽培品种，现在以平欧杂种榛子系为主的一系列优良品种，不仅在果实大小、品质、丰产性方面达到了国外榛子品种的水平，而且其抗寒适应性远远超过欧洲榛子系的品种。第二，我国适宜榛子栽培的生态条件范围广。根据 10 多年的区域试验和各地引种栽培观察研究，现有的榛子优良品种可以在我国北纬 32°～42°的广大地区栽培，即长江以北至北纬 42°地区的适生区均可栽培。具体包括，辽宁大部分地区，河北、山东、河南、江苏北部、安徽北部、山西、内蒙古南部、陕西、宁夏中南部、甘肃、青海南部、四川北部、新疆、云南、西藏南部等地区，即年平均温度 7℃～15℃的地区均可栽培。第三，榛子市场前景广阔。榛子营养丰富，风味佳，历来是人们喜爱的干果食品。随着我国人民生活水平的提高，干果进入家庭餐桌已成为普遍的时尚。过去我国榛子产量少、质量差，远远不能满足市场需求。因此，我国进口榛子也有 10 多年的历史，而且逐年增加，尽管市场零售价格较高，但仍然呈现购销两旺、供不应求的局面。第四，榛子是重要的木本油料作物。种仁含油量高达 63.5％，且营养丰富，是高档食用油，含人体所需的各种氨基酸，油中含 96％的不饱和脂肪酸，能够调整人体的各种功能，排除人体内多余的“垃圾”（也就是由于摄入了过量的饱和脂肪酸以后形成多余的脂肪）。

第二章 榛子品种资源

一、中国榛属植物的种类及分布

（一）野生榛子的种类及分布

我国原产榛属植物有 8 种，分布在 22 个省、自治区、直辖市，共划分为 4 个自然分布区。

1. 北方区 本区在黄河秦岭以北，包括辽宁、吉林、黑龙江、内蒙古、河北、山东、山西、陕西渭河以北地区及宁夏、甘肃东北部。本区榛属植物有 2 种，即平榛（*Corylus heterophylla* Fisch.）和毛榛（*Corylus mandshurica* Maxim. et Rupr），这 2 种榛子均属耐寒种，最北达黑龙江及俄罗斯的阿穆尔州。平榛集中分布在东北的大兴安岭山脉东麓的缓坡丘陵地，海拔 300～500 米，北起鸥浦，南至阿尔山，在这一带常生长着大面积平榛林与平榛灌丛，有几十公顷，甚至几百公顷，常与次生林（蒙古栎、桦）混生，这一地带毛榛生长少，主要是平榛。在小兴安岭地区，北至呼玛，南至通河，在主山脉的两翼缓坡丘陵地区，海拔 200～400 米，有大面积平榛灌丛分布，常连片生长；在完达山、张广才岭、老爷岭也有大面积平榛林分布；吉林的长白山脉及其余脉，辽宁中部、北部、东部丘陵山地、缓坡地，河北北部、西部及西北部丘陵山地常有大面积平榛灌丛分布，而在上述地区地势较高的次生林中，常生长毛榛。在长白山的北部富尔河流域毛榛分布较多，而其他地区只有零星分布。在我国的西北地区，陕北亦有平榛分布，此外，在华北太行山和山西的吕梁山脉、甘肃的东北部也有平榛分布。本区平榛资源极为丰富，是我国榛子的主产区，野生商品榛子就产于本区。

2. 秦岭中原区 本区从黄河、秦岭以南（包括秦岭）至长江以北，包括陕西南部秦岭地区、四川北部、河南、安徽、江苏、湖北西部、甘肃南部。本区榛属植物最为丰富，分布有6种，即川榛（*Corylus kweichowensis* Hu）、华榛（*Corylus chinensis* Franch.）、绒苞榛（*Corylus fargesii* Schneid.）、刺榛（*Corylus ferox* Wall.）、平榛和毛榛。平榛和毛榛在河南卢氏、四川平武有少量的分布，为平榛和毛榛的分布南缘。本区商品榛子很少。

3. 华中、华东区 本区包括湖南、江西、安徽南部、浙江、福建等地，分布有川榛、华榛、刺榛3个种，没有商品榛子生产。

4. 西南区 本区包括四川的中部、西部和西南部，贵州、云南和西藏。分布榛属植物有5种，即滇榛（*Corylus yunnanensis* A. Camus）、华榛、绒苞榛、刺榛及维西榛（*Corylus wangii* Hu），没有商品榛子生产。

（二）栽培榛适生区域

我国榛子主要栽培品种均来自平欧杂种榛，主要划分为3个栽培区。

1. 北部栽培区 本区范围在北纬40°～43°地区，包括辽宁省的营口、鞍山、辽阳、沈阳、抚顺、本溪、丹东、铁岭地区，阜新、锦州、葫芦岛、朝阳，吉林省的通化、集安、白山地区，河北省的承德、张家口部分地区，内蒙古赤峰南部，内蒙古西部大青山以南地区，新疆的伊宁地区。该地区气候属中温带大陆季风气候，较寒冷，年平均温度6℃～9℃，冬季最低气温－35℃～－30℃，年日照时数2 600～2 900小时，无霜期145～160天。北部栽培区以东经123°以东地区为湿润、亚湿润区，年降水量700～1 100毫米，虽然冬季较寒冷，但因冬春季降雨、雪多，有利于榛子树的越冬。土壤为微酸性至中性，为适宜栽培区。东经123°以西地区，年降水量500毫米以下，为亚干旱和干旱区，土壤为碱性，栽培榛子应选择小气候条件好的地势条件，并给予人工灌溉。本区栽培选择最抗寒的品种。

2. 中部栽培区　本区范围在北纬37°～40°的大部分地区，包括辽宁的大连地区、北京市、河北中部和南部、山东北部、山西中部、陕西北部、宁夏、甘肃、新疆中部等地。本区包括了南温带的大部分地区，气候特点是温暖。本区的东部为亚湿润气候区，中西部为亚干旱和干旱区。年平均温度9℃～12℃，冬季最低气温－29℃～－18℃，年日照时数2 500～3 000小时，年降水量，东部沿海为600～840毫米、中西部区为400毫米以下，无霜期150～200天。本区气候温暖，有利于栽培榛子的越冬。中西部气候干旱对栽培榛子树生长发育不利，如有灌水条件，可栽培抗寒性中等及最抗寒的品种。

3. 南部栽培区　本区范围为北纬37°～32°，从黄河流域至长江流域，包括山东南部、江苏北部、安徽北部、河南、陕西中南部、山西南部、甘肃南部、湖北、四川北部，以及四川西部、云南、贵州海拔较高，气候凉爽的地区。本区涵盖南温带的南部和北亚热带，以及中亚热带。年平均温度12℃～16℃，极端最低气温－10℃，年降水量600～1 100毫米，年日照时数2 000～2 600小时，无霜期300天以上，土壤为红壤、黄壤，pH值5.5～6.5。

本区的云贵川高海拔地区，海拔1 100～2 000米，气候为冬季温暖而夏季凉爽，适宜栽培平欧杂种榛子。年平均温度11℃～17℃，冬季极端最低气温－10℃，年日照时数2 000～2 600小时，无霜期 300 天以上，年降水量 700～1 600 毫米，土壤为红壤、黄壤，酸性，pH 值 5～6.5。

适宜本区的栽培品种为不抗寒品种，但果实大，丰产性强，也可栽培抗寒性中等的品种。欧洲榛（*Corylus avellana* L.）可在南部栽培区栽培。

二、平榛品种

平榛别名榛、榛子，学名 *Corylus heterophylla* Fisch.。落叶灌木，高 1～2 米，有时达 2.9 米。树皮灰褐色，1 年生枝黄褐色或灰褐色，密被短柔毛兼被稀疏长柔毛和腺毛。芽卵形，褐色，先端钝。叶片宽倒卵形或矩圆形，长宽几乎相等，4～13 厘米，顶端平截或凹缺，中央具三角形突尖，基部心形，有时两侧不对称。叶表面具皱纹，粗糙，深绿色，无毛。叶背面叶脉上具稀疏短柔毛，叶边缘具不规则锯齿，中部以上具浅裂。侧脉 3～5 对，叶柄长 1.5～3 厘米，密被短柔毛或稀疏腺毛。雄花序长 1.1～4 厘米，直径0.3～0.5 厘米，2～9 个呈总状着生于新梢中上部叶腋间。果苞钟状，开张或闭合，每一果苞具苞叶 1～2 片，其上密被腺毛及稀疏短柔毛，多数长于果实，极少数等于或短于果实，苞叶上部裂片三角形，多数全缘，少数具疏锯齿。每一果序结 1 粒果实或 2～6 粒簇生，多者达 112 粒。果序梗长 1～2.5 厘米。果实基本形状为圆球形，也有长圆形、扁圆形、椭圆形、扁状榛等变化。果面具极密而短的茸毛。开花期 3 月下旬至 4 月下旬，果实成熟期 8 月中下旬至 9 月上旬。

平榛果实直径约为 1.44 厘米，平均单果重 1.34 克，果壳平均厚 1.81 毫米，出仁率为 33.22%，果仁含脂肪 58.03%、蛋白质 21.12%、碳水化合物 6.91%、水分 3.65%，以及维生素 C、维生素

E和多种矿物质。

平榛是我国榛树植物分布最广、资源最丰富、产量最多的一种,是榛子的主要生产树种。平榛具有抗寒,耐瘠薄,适应性强,开始结果早等特点。平榛果仁味清香,略带甜味,风味佳,是国内外普遍喜爱的干果食品。目前我国市场上出售和出口的商品榛子主要来源于本种。主要分布于我国黑龙江、吉林、辽宁、内蒙古、河北、山西等地。

(一)平榛品种类型

平榛在东北地区根据其形状主要有以下几个类型。

1. 圆形榛组 果实纵、横、侧径大小相近,圆球形。平均果径1.38厘米,平均单果重1.32克,出仁率33.68%,果壳平均厚1.65毫米,质量中上等。圆形榛占平榛的比例为53.19%,是平榛的基本果形。

2. 扁圆榛组 果实纵径小,横径大,故成扁圆形。多数果壳较厚,平均厚1.95毫米,最厚的达3.13毫米,出仁率低,平均为30.49%,最低的为19.75%,是一个劣质类型。

3. 长圆榛组 果实纵径大于横径,横、侧径大小相近或横径大于侧径。果顶有尖、圆、平3种。果形包括长圆形、圆柱形、长椭圆形。果壳较薄,平均厚1.59毫米,平均出仁率35.37%,最高达41.7%,是质量较好的类型。长圆榛数量少,约占4.32%。

4. 圆锥榛组 果形圆锥形,果实底部大,逐渐向果顶收缩成尖顶。纵、横、侧3径大小相近。果皮薄,平均厚1.46毫米,最薄的达1.05毫米,出仁率为38.75%。是平榛果实中的优质类型,但数量极少。

5. 扁形榛组 果实侧径小,其纵径与横径大小相近,从侧面观果形是扁的。果实大小中等,平均果径1.44厘米,平均单果重

1.55 克。果壳平均厚 1.65 毫米，最厚的 2.14 毫米，出仁率 34.53%，质量中等。

6. 尖榛组 果实顶部锐尖状，通常纵径大于横径、侧径，而横、侧径大小相近。果形美观，但果个较小，平均果径 1.32 厘米，平均单果重 1.06 克。果壳薄，平均厚 1.37 毫米，最薄的 1.1 毫米，出仁率较高，平均出仁率 36.78%，最高出仁率 40.06%。此种榛为优质类型，但数量少，约占 3.3%。

7. 平顶榛组 果实顶部平。其横、侧径大于纵径，横径大于侧径或与侧径大小相近。平顶榛果实较大，平均果径 1.53 厘米，平均单果重 1.8 克，出仁率为 31.06%。果壳较厚，平均厚 2.19 毫米，是质量较差的类型。根据果实大小又分为大平顶榛和小平顶榛。

（二）平榛优良品种

我国曾先后从野生平榛群体中选出平榛优系 40 多个。经栽培比较试验后，已选出 6 个优良品种，用于试验栽培。

1. 永陵平榛 来源于野生平榛选优。果实属圆形平榛组，果壳黄色，具光泽，整齐美观。平均果径 1.55 厘米，平均单果重 1.76 克，出仁率 40.19%。果仁饱满，较光洁，味香。果实成熟期 8 月下旬。

树势中庸，树冠紧凑，抗寒丰产，3～5 年生树平均株结实 350 克，盛果期每公顷产量为 898 千克，是平榛中的丰产类型。

2. 旺兴平榛 来源于野生平榛选优。果实属圆形榛组，果中等大小，黄色，整齐。平均果径 1.53 厘米，平均单果重 1.66 克，出仁率 39.33%。果仁饱满，味香略甜，风味佳。果实 8 月下旬成熟。

树势强健，树冠大，开张。抗寒，丰产，3～5 年生树平均株产量311克，每公顷产量823千克。

3. 薄壳平榛　来源于实生选种，果实属圆锥榛组，中等大小，黄色，果面具纵沟纹，整齐美观。平均果径1.57厘米，平均单果重1.6克。果壳极薄，质轻，易开裂，其果壳厚度只有1.08毫米，出仁率46.37%。果仁饱满，无空粒，味香略带甜味，风味佳。果实8月下旬成熟。

树势中庸，冠丛中等大小，抗寒，产量中等，是平榛中壳极薄的优质类型。

4. 褐皮平榛　来源于根蘖变异。果实属椭圆榛组，褐色。平均果径1.77厘米，平均单果重2.2克，果壳厚1.34毫米，出仁率40%，果仁味香，品质优。果实8月下旬成熟。

树势强健，树冠大，开张，抗寒，产量中上等，是平榛中的大果优质类型。

5. 光仁平榛　来源于根蘖变异。果实属圆锥榛组，果个大，褐色。平均果径1.58厘米，平均单果重1.82克，果壳厚1.4毫米，出仁率40.8%。果仁饱满，极光洁，味香略具甜味，风味佳。果实成熟期8月下旬。

树势中庸，树冠小，紧凑，抗寒，较丰产，果仁极光洁是其突出特点，为平榛中的优质类型。

6. 长果平榛　来源于野生平榛选优。果实属长圆榛组，果个大，淡黄色，整齐美观。平均果径1.61厘米，平均单果重2.05克，果皮厚1.52毫米，出仁率35.44%。果仁黄色，光洁，饱满，无空仁，味香甜。果实8月下旬成熟。

树势强健，抗寒，丰产，是平榛中的大果类型。

三、平欧杂种榛系主要品种

平欧杂种榛子的品种、品系皆来源于平榛与欧洲榛远缘杂交，也有叫杂交榛子、大果榛子，是从杂种一代中选出。杂种榛子大小、出仁率、丰产性等与欧洲榛不相上下，风味、抗寒性、抗病性等又具有平榛的特点。多数品种可以抗－30℃低温，个别可抗－35℃低温。在土壤 pH 值 5.5～8 的地块均能正常生长结实。以下是平欧杂种榛子的一些品种、品系。

（一）辽榛 1 号

1984 年杂交，1988 年初次入选，2006 年通过国家林木品种审定委员会认定，定名为辽榛 1 号。果实椭圆形，黄褐色，具沟纹，平均单果重 2.6 克，果壳厚 1.1 毫米，出仁率 40%，果仁饱满，光洁，风味极香。

树势强壮，树姿半开张，雄花序少。7～8 年生树高 2.45 米，冠幅直径 2.3 米。丰产性强，一序多果。定植压条苗 2～3 年开始结果，为早结果、早丰产品种。5 年生树株产 1 千克，7～8 年生树株产 2 千克以上。对肥水要求较高，加强肥水管理会使产量提高。在沈阳地区 3 月下旬开花，果实成熟期 9 月上旬。

该品种在沈阳地区、大连地区越冬均有抽梢现象，说明低温不是越冬的障碍，而冬春的空气湿度决定该品种是否抽梢。越冬性较强，适宜年平均温度 8℃以上地区栽培，是中部栽培区优良品种之一。

(二)辽榛2号

1984年杂交，1990年入选，2006年国家林木品种审定委员会认定。果实大，圆形，黄褐色。平均单果重2.5克，果壳较薄，厚1.2毫米，出仁率46%，果仁光洁，饱满，风味佳。

树势较中庸，树姿直立，雄花序少。丰产，结实早，定植压条苗2～3年开始结果，早期丰产，5年生树株产1千克，8年生树株产1.5千克以上。在大连地区3月中旬开花，果实成熟期9月上旬。

该品种不耐寒，在大连、沈阳地区常有抽梢现象，需在年平均温度11℃以上地区栽培，也可作杂交育种的亲本。

(三)辽榛3号

1984年杂交，1989年初选，2006年国家林木品种审定委员会认定命名。树势强，树姿直立，果实长椭圆形，黄褐色，平均单果重2.6克，果仁重1.1～1.3克，果壳薄，厚1.1毫米，出仁率高达48%，果仁光洁，饱满，风味佳。较丰产，7～8年生树株产1.5千克。抗寒性强，冬季可耐－35℃低温，可在年平均温度6.5℃以上地区栽培。

(四)辽榛4号

1985年杂交，1991年初次入选，2006年通过辽宁省林木品种审定委员会审定，定名为辽榛4号。果实圆形，金黄色，平均单果重2.4克，果壳极薄，厚0.95毫米，出仁率50%，果仁粗，但果仁无空心，果仁重1.15克。出仁率高是其突出特点。

树势强壮，树姿半开张，雄花序少。树冠较大，7年生树高

2.65 米，冠幅直径 2 米。较丰产，4～5 年生树株产 1 千克。6 年生以上树每 667 $米^2$ 产量在 200 千克以上。

该品种越冬性中等，在大连地区可正常越冬，在沈阳地区越冬抽干，适于在年平均温度 9℃以上地区栽培。可作杂交育种亲本。

（五）辽榛 5 号

1994 年杂交，2008 年通过辽宁省林木品种审定委员会审定。树势中庸，树姿半开张，树冠中等。雄花序多，平均单果重 2.7 克，果实三径平均值 2 厘米，果壳厚 1.5 毫米，果实扁椭圆形，黄褐色，果仁光洁，出仁率 38%，一序多果，平均每序结果 2.2 粒。果实成熟期 8 月中旬，早熟。果实风味特佳，丰产稳产。6 年生树每 667 $米^2$ 产量为 116 千克，盛果期每 667 $米^2$ 产量达 160 千克以上。抗寒性、适应性极强，休眠期可抗－35℃低温。

（六）辽榛 6 号

1994 年杂交，2008 年通过辽宁省林木品种审定委员会审定。树势强壮，树姿直立，不开张，树冠中大，果苞短。平均单果重 2.3 克，果壳厚 1.2 毫米，果实圆形，红褐色。果实三径平均值 1.7 厘米，果仁光洁，出仁率 44%，一序多果，平均每序结果 2.6 粒。6 年生树株产 1.1 千克，每 667 $米^2$ 产量可达 125 千克，盛果期每 667 $米^2$ 产量达 180 千克以上。早熟，休眠期可抗－35℃低温。

（七）82-11（拟定名为辽榛 7 号）

1982 年杂交，1989 年入选。树势中庸，树姿开张。果实圆锥形，红褐色，美观。平均单果重 2.4 克，果壳中等厚，出仁率达

41%。果仁饱满，光洁，果仁皮易脱落，风味佳。在沈阳地区8月中旬果实成熟。早果性、丰产性均强，定植后2～3年结果，5～6年生树株产1千克，7～8年生树株产1.8千克。抗寒性强，冬季耐－35℃低温，可在年平均温度6.5℃以上地区栽培，为重点推广品种之一。

(八)81-21(拟定名为辽榛8号)

1981年杂交，1987年初次入选。树势中庸，树姿开张，树冠小，适宜密植。果实圆形，红褐色，具纵条纹，美观。单果重2.3～2.5克，果壳薄，出仁率43%～45%。果仁饱满，光洁，风味香，略带甜味，在沈阳果实成熟期8月中旬。结果早，定植后2～3年开始结果，穗状结实，一序多果，丰产，6年生树株产1.4千克，10年生树株产2千克。耐寒，在沈阳地区－30℃可以安全越冬，可在年平均温度8℃以上地区栽培。

(九)辽榛9号

果实长圆形，红褐色。中型果，平均单果重2克，果仁重1克，果壳薄，约1毫米，出仁率51.7%，果仁光洁，非常饱满，果仁无空心，风味极香。

树势强壮，树姿半开张，7年生树高2.7米，冠幅直径1.95米。丰产，一序多果，定植后2～3年开始结果，7年生树单株产量1.4千克。

该品种抗寒、越冬性强，在沈阳地区休眠期－33℃可以正常露地越冬，可以在年平均温度7℃以上地区栽培，在有雪覆盖的冬季，栽培界线有向北推移的趋势。该品种果实虽然小，但果仁不小，果仁平均重1克，风味极佳。丰产、抗寒，为优良品种之一。

(十)辽榛10号

果实圆形,黄色,果面具纵沟纹。平均单果重2.8克,果壳厚1.5毫米,出仁率40%,果仁光洁,饱满,风味香。

树势强壮,树姿直立,雄花序少。6年生树高2.4米,冠幅直径1.8米。早结果、早丰产品种,6年生树株产1.1千克,8年生树株产1.4千克。果实成熟期8月下旬。

(十一)辽榛11号

1984年杂交,1990年初次入选。果实圆形,红褐色,果基部突出,具条纹,美观。平均单果重3.2克。果壳厚1.4~1.5毫米,出仁率43%,果仁光洁,饱满,风味上乘。

树势强壮,树姿开张,雄花序少,树冠大,7年生树高2.5米,冠幅直径2.2米。丰产性强。

(十二)平欧21号

1984年杂交,1995年初选。树势强壮,树姿半开张,叶宿存。果实长圆形,红褐色,平均单果重3克,果仁饱满,光洁,风味佳,出仁率40%。果实8月下旬成熟。丰产,7~8年生树株产1.7千克。抗寒,冬季可耐-35℃低温,可在年平均温度6.5℃以上地区栽培。

(十三)平欧224号

果实长圆形,红褐色,美观。平均单果重2.3克,果壳厚1.2

毫米，出仁率 43.5%，果仁光洁，饱满，味香。

树势中庸，树姿半开张，树冠中等大小，6 年生树高 2.1 米，冠幅直径 1.5 米。雄花序少，较丰产，7 年生树株产 1.1 千克。

该品种越冬性强，在沈阳地区可正常露地越冬，休眠期可耐 −30℃低温，可在年平均温度 7.5℃以上地区栽培，也可作杂交育种亲本。

（十四）平欧 11 号

1981 年杂交，1998 年初次入选。果实圆形，黄褐色，平均单果重 2.2 克，果壳厚 1.2～1.4 毫米，出仁率 43.5%，果仁光洁，饱满，风味佳。

树势强壮，树姿半开张，直立。8 年生树株高 3.5 米，冠幅直径 1.8 米。丰产，一序多果，平均每序结实 2.5 粒，8 年生树株产 2.1 千克，结实过多、肥料不足时，果仁不十分饱满，需加强肥水管理。在沈阳地区 3 月下旬开花，果实成熟期 8 月下旬。

越冬性强，在沈阳地区休眠期 −30℃低温越冬正常，可在年平均温度 7℃以上地区栽培。为北部栽培区优良品种之一。

（十五）平欧 237 号

1984 年杂交，1989 年初次入选。果实近圆形，红褐色，美观。平均单果重 2.3 克，果壳极薄，厚 0.9～1 毫米，出仁率 47%，果仁光洁，饱满，香甜。

树势中庸，树姿半开张，树冠中等大，6 年生树株高 2.3 米，冠幅直径 1.8 米。结果早，定植压条苗 2 年开始结果。早期丰产性强，5 年生树单株结实 1 千克，7～8 年生树单株结实 1.6 千克。如果肥水管理好，产量还可提高。在沈阳地区 3 月下旬开花，果实成熟期 8 月中旬。

该品种较耐寒，休眠期可耐－30℃低温，在沈阳地区背风向阳的地方越冬受害轻微，年年结果，但在大连地区由于冬春空气干燥，抽条比沈阳地区严重。本品种适宜在年平均温度 8℃以上、冬春风小、空气湿度大的地区栽培。

（十六）平欧 48 号

1984 年杂交，1990 年初次入选。果实近圆形，黄褐色，果面光滑。平均单果重 2.3 克，果壳厚 1.1 毫米，出仁率 43%，果仁饱满，光洁，空心度小，风味香。

树势强，树姿开张，雄花序少。树冠大，8 年生树株高 3.25 米，冠幅直径 2.45 米，丰产性强，6 年生树株产 0.82 千克，11 年生树单株产量 1.9 千克。在大连地区 3 月中旬开花，果实成熟期 9 月上旬。

该品种越冬性中等，在大连地区可正常露地越冬，但在沈阳地区越冬有抽梢现象，可以在年平均温度 9℃以上地区栽培。

（十七）平欧 119 号

1985 年杂交，1992 年初次入选。果实椭圆形，红褐色，具沟纹和白茸毛，美观。果个大，平均单果重 3.2 克，果壳厚 1.35 毫米，果仁饱满，光洁，出仁率 43.1%，风味香。

树势强壮，树姿半开张，雄花序较多，部分叶片越冬时宿存，7～8 年生树高 3.14 米，冠幅直径 2.3 米。丰产，7～8 年生树单株产量 1.7 千克以上。在沈阳地区 3 月底开花，果实成熟期 9 月上旬。

该品种越冬性较强，在大连地区能正常露地越冬，在沈阳地区越冬轻微抽梢，适宜在年平均温度8℃以上地区栽培，为中部栽培区的优良品种之一。

（十八）平欧1号

1981年杂交，1998年初次入选。果实圆形，红褐色，果面具纵条纹，美观。平均单果重3.6克，果壳厚1.7毫米，出仁率47%，果仁光洁，饱满，风味香。

树势中庸，树姿开张，雄花序少。10年生树高2.7米，冠幅直径2.8米。果实8月下旬成熟。丰产，8年生树株产2千克以上。该品种越冬性较强，可在年平均温度8℃以上的地区种植。

（十九）平欧9号

1981年杂交，1998年初次入选。果实椭圆形，红褐色，平均单果重2.2克，果壳厚1～1.1毫米，出仁率47%，果仁饱满，光洁，风味佳。

树势中庸，树姿直立。8年生树株高2.9米，冠幅直径1.82米。丰产，一序多果，平均每序结实2粒，8年生树株产1.5千克，树冠投影产量576克/米^2。在沈阳地区3月底开花，果实成熟期8月下旬。

该品种越冬性强，在沈阳地区休眠期可耐－30℃低温，可以在年平均温度7.5℃以上地区栽培。

（二十）平欧33号

1983年杂交，1989年初次入选，辽宁有栽培。果实长圆形，红褐色，平均单果重2.3克，果壳厚1.4毫米，出仁率42.9%，果仁表面粗，饱满，风味香。

树势强壮，树姿半开张，树冠大。8 年生树高 3.1 米，冠幅直径 2.9 米。丰产，早果性强。定植压条苗 2～3 年开始结果，5 年生树株产 1 千克，7～8 年生树株产 2 千克。在沈阳地区 3 月下旬开花，果实成熟期 9 月初。

该品种抗寒、抗抽干能力较强，在沈阳地区休眠期耐－30℃低温，可以正常露地越冬。可在年平均温度 7.5℃以上地区栽培。大果、丰产、抗寒，是优良品种之一。

（二十一）平欧 545 号

1984 年杂交，1989 年初次入选。在辽宁、北京郊区有栽培。果实椭圆形，黄褐色，美观。果面具条纹，平均单果重 2.6 克，果壳薄，厚 1.1 毫米，易开张，出仁率高达 47.5%，果仁饱满光洁，风味上等。

树势中庸，树姿开张，雄花序少。树冠中等大小，5 年生树高 2.1 米，冠幅直径 1.8 米。定植压条苗 2～3 年开始结果，为早结果、早丰产品种，6 年生树株产 1.1 千克，8～9 年生树株产 1.8 千克以上。

该品种在大连地区能正常越冬，在沈阳地区休眠期可耐－30℃低温，有抽梢，可在年平均温度 9℃以上地区栽培，为中部栽培区的优良品种之一。

（二十二）平欧 202 号

1985 年杂交，1989 年初次入选。果实圆形，红褐色，具纵条纹，美观。单果重 2.2～2.5 克，果仁重 1～1.2 克，果壳厚 1.3 毫米，出仁率 41%～46%，果仁光洁，美观，饱满，风味香。

树势强壮,树姿开张,雄花序少。丰产,早果性强。定植压条苗 2～3 年开始结果,4 年生树株产 0.5 千克,6 年生树株产 1.4 千克,在沈阳地区 3 月下旬开花,果实成熟期 8 月下旬。

该品种越冬性较强,在沈阳地区露地越冬有轻微抽梢,可以在年平均温度 8℃以上地区栽培,为中部栽培区优良品种之一。

(二十三)平欧 127 号

1985 年杂交,1993 年初次入选。果实圆形,红褐色,整齐,外表有红晕,美观。平均单果重 2.3 克,仁重 1.1～1.2 克,果壳厚 0.93 毫米,出仁率 46%,果仁光洁,饱满,味香。果苞短,坚果顶露在外面。

树势强壮,树姿直立,雄花序少,部分叶片越冬时宿存。树冠大,7～8 年生树高 3.35 米,冠幅直径 2.7 米。丰产,每序结实 2～3 粒,7～8 年生树株产 1.7 千克以上,果实成熟期 9 月上旬。

该品种越冬性较强,在大连地区能正常越冬,在沈阳地区越冬有部分抽梢,可在年平均温度 8℃以上地区栽培,为中部栽培区的优良品种之一。

(二十四)平欧 72 号

1984 年杂交,1992 年初次入选。果实圆形,黄褐色,具纵条纹。果个大,平均单果重 2.8 克,果壳厚 1.5 毫米,出仁率 40%,果仁较光洁,饱满,风味香。

树势强壮,树姿半开张,雄花序少。7 年生树高 2.54 米,冠幅直径 2 米。丰产,8 年生树平均株产 1.7 千克,该品种产量上升较慢,7 年以上才表现出高产,对肥水要求较高。

该品种越冬性中等,在大连地区可正常露地越冬,在沈阳地区越冬有抽条现象，适宜在年平均温度 10℃以上地区栽培，也可作杂交育种亲本。

（二十五）平欧 73 号

1985 年杂交，1990 年初次入选。果实圆形，金黄色，平均单果重 2.4 克，果壳厚 1.2 毫米，出仁率 47%，果仁饱满，光洁，风味佳。

树势强壮，树姿开张，雄花序少。树冠大，7 年生树高 3.2 米，冠幅直径 2.9 米。丰产性强，一序多果，7～8 年生树株产 2.7 千克。

该品种在大连地区越冬正常，在沈阳地区越冬有抽梢现象，可在年平均温度 9℃以上地区栽培，为中部栽培区的优良品种之一。

（二十六）平欧 90 号

1981 年杂交，1993 年初次入选。在北京、河南、山西有少量栽培。果个大，圆形，红褐色，美观。平均单果重 2.8 克，果壳厚 1.3 毫米，出仁率 43%，果仁光洁，饱满，风味佳。

树冠中等大，树姿开张，树势中庸，雄花序少。丰产，早果性强。压条苗 2～3 年开始结果，早期丰产性强，无性繁殖的植株 5 年生树株产 1 千克，7～8 年生树株产 1.8 千克。在沈阳地区 3 月底开花，果实成熟期 8 月中旬。

该品种越冬性较差，在大连、沈阳地区越冬均有不同程度抽条现象，适宜在年平均温度 10℃以上地区栽培。果个大、圆形、壳薄、出仁率高是其主要特点，唯树体不抗寒。

(二十七)平欧 10 号

1984 年杂交,1994 年初次入选。果实长圆形,黄色,具纵条纹。平均单果重 2.4 克,果壳薄,厚 0.9～1 毫米,出仁率 48%,果仁饱满,光洁,果仁无空心,味香。

树势强壮,树姿半开张,雄花序少。树冠较大,7 年生树高 2.4 米,冠幅直径 2.1 米。丰产,平均每序坐果 2.2 粒,11 年生树株产 2.5 千克。在大连地区 3 月中旬开花,果实成熟期 9 月上旬。

该品种越冬性较弱,不能在沈阳地区露地越冬,在大连地区越冬有时有抽条现象,适宜在年平均温度 10℃以上地区栽培。该品种为良好的坚果用品种,果壳薄,适宜带壳坚果销售或烤食坚果上市,为中部、南部栽培区优良品种之一。

(二十八)平欧 36 号

1981 年杂交,1990 年初次入选。果实圆形,红褐色,果个大,平均单果重 3 克,果壳厚 1.6 毫米,出仁率 40%,果仁饱满,光洁,风味佳。

树势强壮,树姿开张,树冠较小,8 年生树高 2.15 米,冠幅直径 1.7 米,产量中上等,7 年生树株产 1.2 千克。在大连地区 3 月下旬开花,果实成熟期 8 月下旬。

该品种耐寒性较弱,在大连地区越冬有时有抽梢现象,在沈阳地区越冬受冻。适宜在年平均温度 10℃以上地区栽培。果实圆形、大果是其突出特点,可用作育种亲本。

（二十九）平欧 402 号

1984 年杂交，1989 年初次入选。在北京、辽宁南部有栽培。果实椭圆形，红褐色，美观。平均单果重 3 克，果壳厚 1.3 毫米，出仁率 40%，果仁较饱满，光洁，风味香。

树势强壮，树姿开张，树冠较大，雄花序少。5 年生树株高 2 米，冠幅直径 1.9 米。穗状结实，丰产。定植压条苗 2～3 年开始结果，5 年生树株产 1 千克，7～8 年生树株产 1.5 千克以上。对肥水要求高，如果肥培条件好，产量会大大提高。肥水不足，果仁饱满度稍差。

该品种越冬性较差，在沈阳地区虽结实，但年年有抽梢现象。适宜在年平均温度 10℃以上地区栽培，为南部栽培区优良品种之一。

（三十）平欧 62 号

1983 年杂交，1988 年初次入选。在河北、北京有少量栽培。果实近圆形，红褐色，果面有沟纹，平均单果重 2.7 克，果壳厚 1.41 毫米，出仁率 42%，果仁饱满、光洁。丰产，一序多果，早果性强，定植压条苗 2～3 年开始结果，5 年生树株产 1 千克，10 年生树株产 2 千克。在沈阳地区 3 月下旬开花，果实成熟期 9 月上旬。

树势中庸，树姿半开张，雄花序少。7～8 年生树高 1.78 米，冠幅直径 1.9 米。

该品种抗寒性弱，抗抽干能力也弱，在大连地区可以正常越冬，在沈阳地区越冬有抽梢现象，适宜在年平均温度 10℃以上地区栽培，也可作杂交育种亲本使用。

(三十一)平欧 28 号

1985 年杂交,1995 年初次入选。果实圆形,黄色,果面具纵沟纹,平均单果重 2.8 克,果壳厚 1.7 毫米,出仁率 40%,果仁光洁,饱满,风味香。

树势强壮,树姿直立,雄花序少。6 年生树高 2.4 米,冠幅直径 1.8 米。早结果,早丰产,6 年生树株产 1.1 千克,8 年生树株产 1.4 千克,坚果成熟期 8 月下旬。

该品种抗寒性强,在沈阳地区可以正常越冬,可耐 −33℃ 低温,适宜在年平均温度 7℃ 以上地区栽培,是北部栽培区的优良品种。

(三十二)达　维

1984 年杂交,1989 年初次入选,1999 年通过辽宁省林木品种审定委员会认定。树势强壮,树姿半开张。雄花序少。果实椭圆形,平均单果重 2.5 克,果壳红褐色,厚 1.54 毫米,果仁光洁,饱满,风味佳,出仁率 44%。果实 8 月中旬成熟。丰产,一序多果,平均每序结实 2 粒,5 年生树株产 1 千克。7～8 年生树株产1.8～2 千克。抗寒性强,休眠期可耐 −35℃ 低温,适宜在年平均温度 6.5℃ 以上地区栽培,为重点推广品种之一。

(三十三)玉　坠

果实圆形,暗红色,平均单果重 2 克,果壳厚 1.15 毫米,出仁率 43%,果仁光洁,饱满,风味佳。

树势强壮,树姿直立,树冠较大,8 年生树高 2.51 米,冠幅直径 2.1 米。较丰产，7 年生树株产 1 千克。在沈阳地区 3 月下旬开花，果实成熟期 8 月下旬。

该品种抗寒、越冬性强，休眠期可耐 −30℃低温，适宜在年平均温度 7.5℃以上地区栽培。

（三十四）薄 壳 红

1982 年杂交，1988 年初次入选，1999 年通过辽宁省林木品种审定委员会认定，在辽宁、吉林、黑龙江均有栽培。果实椭圆形，红褐色，美观。平均单果重 2.1 克，果仁重 0.96 克，果壳薄，出仁率 45.9%，果仁饱满、光洁、风味佳，品质上等。

树势强壮，树姿开张。树冠大，8 年生树高 2.07 米，冠幅直径 2.28 米。定植无性系苗 3 年开始结果，丰产，8 年生树株产 1.85 克，每 667 米^2 产量 129.5 千克，树冠投影产量 430 克/米^2，盛果期每 667 米^2 产量 215 千克。在沈阳地区 3 月下旬开花，果实成熟期 8 月下旬。

该品种抗寒性较强，休眠期可耐 −30℃低温，在沈阳地区可以正常露地越冬，可在年平均温度 7.5℃以上地区栽培。果仁饱满、光洁、风味好是其突出特点，缺点是果个小，每序结实少，为 1～2 粒，早期产量不高。可以栽培，也可作杂交育种的亲本。

（三十五）金 铃

1984 年杂交，1989 年初次入选，1999 年通过辽宁省林木品种审定委员会认定。果实圆形，金黄色，美观。平均单果重 2.2 克，果壳厚 1.38 毫米，出仁率 40%，果仁饱满，光洁，风味佳。

树势中庸，树姿直立，树冠中等大，8 年生树株高 2.13 米，冠幅直径 1.63 米。较丰产，7 年生树株产 1.1 千克。在沈阳地区 3 月下旬开花，果实成熟期 8 月下旬。

该品种越冬性强，休眠期可耐－30℃低温，适宜在年平均温度 7.5℃以上地区栽培。

（三十六）平顶黄

1980 年杂交，1986 年初选，1999 年通过辽宁省林木品种审定委员会认定。果实扁圆形，黄褐色，平均单果重 2.4 克，果仁重 1 克，出仁率 41%，空粒率 3.3%，果仁饱满，较光洁，风味佳。

树势中庸，树姿开张，树冠中大。8 年生树高 2.18 米，冠幅直径 2.15 米。定植压条苗 3 年开始结果，一序多果，平均每序结果 1.9 粒，丰产性强，8 年生树平均株产 1.61 千克，每 667 米^2 产量 118 千克。在沈阳地区 3 月下旬开花，果实成熟期 8 月下旬，10 月中下旬落叶。

该品种越冬性强，休眠期可耐－35℃低温，在沈阳地区北部可正常露地越冬，适宜在年平均温度 7℃以上地区栽培。

（三十七）魁　香

1982 年杂交，1990 年初次入选。在辽宁、北京等地有少量栽培。果实椭圆形，红褐色，果面有沟纹，果壳厚 1.46 毫米，平均单果重 2.3 克，出仁率 43%，果仁饱满，极光洁，风味极香。

树势强，树姿较直立，7 年生树高 2.49 米，平均冠幅直径 2.15 米。丰产，一序多果，平均每序结实 1.9 粒，7～8 年生树株产 1.3 千克（在沈阳地区越冬受害的情况下）。果实成熟期 8 月下旬。

该品种不耐寒，在沈阳地区越冬抽条严重，在大连地区有轻微抽梢现象，适宜年平均温度 10℃以上地区栽培。如果该品种栽培在温暖地方，越冬正常，其产量会大大增加。

四、欧洲榛系主要品种

别名欧洲榛子，学名 *Corylus avellana* L.。欧洲榛原产自亚洲的中亚、西亚以及欧洲地中海沿岸，是榛属植物栽培最广泛、栽培历史最久的树种。我国主要于 20 世纪 70 年代和 90 年代从意大利、保加利亚、美国等国引种，我国各地正试验栽培。

欧洲榛自然生长为落叶灌木，有时为乔木，树高 5～8 米，枝干直径可达 20～40 厘米。树皮深褐色，1 年生枝黄褐色，密生腺毛和长柔毛。叶片近圆形、宽卵形、倒卵形、椭圆形、短圆形，长10～14 厘米、宽 8～12 厘米，叶面深绿色，有皱褶，叶缘具不规则复式锯齿，中上部具缺刻，先端渐尖，叶基心形，叶表面有短茸毛，叶背面密生短茸毛，侧脉 7～9 对，叶柄短而粗，密生茸毛。雌雄同株单性花。雄花为柔荑花序，圆柱形，1～5 个总状花序着生在 1 年生枝的中上部。雌花为头状花序，着生在 1 年生枝的上部和顶端。果苞钟状，开张，因品种不同，有的长于坚果，有的短于坚果，但同一品种是一致的。苞叶 1～2 片，薄，其上生茸毛。芽细长，顶端尖，绿色。果实有多种形状，包括圆形、长圆形、椭圆形、卵形、扁圆形、圆锥形等。果面色泽有金黄色、金红色、红褐色，具彩色条纹，美观。果个大型，平均果径 1.4～2.2 厘米，单果重 2～4 克。开花期 2～3 月份，果实成熟期 8 月下旬至 9 月下旬。

欧洲榛的枝叶、果实形状变化很大，有许多类型。果个大型适于经济栽培，利用其果实。叶片紫红色、金黄色，裂叶形，枝条下垂类型等适于庭院、公园观赏栽植。

欧洲榛自然分布地域广阔，几乎遍及整个欧洲和亚洲西部，但主要栽培在地中海和黑海沿岸。

(一)通过欧洲榛选育的品种

我国科技工作者于20世纪70年代引进欧洲榛,经历了播种、实生驯化、实生选种、南移栽培等试验,选育出了一些品种。

1. 连丰　选自意大利1号实生。树势强壮,树姿开张,树冠高大。果实长圆形,果壳红褐色,单果重2.6～2.8克,果壳厚1.1毫米,出仁率43.2%～46.9%,果仁空心度小。果仁含脂肪57.3%、蛋白质20.3%、碳水化合物13%。8月末成熟。雌花形成能力强,坐果率高,丰产,8年生树株产达2.1千克。在山东泰安地区可安全越冬,适宜在年平均温度13℃以上地区栽培。缺点是肥水不足时果仁欠饱满,空壳率可达6%。

2. 意丰　来源于实生选种。树势中庸,树姿直立,树冠小。果实长圆锥形,果壳金黄色,具纵向彩色条纹,美观。平均单果重2.5克,果壳厚1.33毫米,出仁率45.3%。果实8月末成熟。穗状结实,丰产,10年生树株产2.1千克,适于密植。在山东泰安地区可安全越冬,适宜在年平均温度13℃以上地区栽培。

3. 泰丰　来源于实生选种。树势中庸,树冠高大。果实椭圆形,果壳金黄色,果壳厚1.2毫米,平均单果重2.6克,出仁率48%。坐果率高,每序结实3～5粒,丰产,在山东泰安地区8年生树株产达2.1千克。可在泰安地区安全越冬,适宜在年平均温度13℃以上地区栽培。

4. 玉红　来源于实生选种,系意大利3号实生苗。1984年初选,保存在河北省林业科学研究院资源圃。丰产,果实长圆形,红褐色,具纵条纹。平均果径1.76厘米,平均单果重2.1克,果壳厚1.02毫米。果仁饱满,光洁,味香,风味佳,含脂肪62.23%、蛋白质15%、碳水化合物9.9%。在大连地区果实成熟期9月上旬。稍耐寒,在山东泰安地区可安全露地越冬。

5. 意连 来源于实生选种，为意大利 2 号实生苗。1984 年初选，在山东、安徽有少量栽培。树冠直立，树势强。果实长椭圆形，红褐色，光滑美观，平均单果重 2.5 克，果壳薄 1.1 毫米，出仁率 40%～45%，果仁饱满，光洁。在泰安地区正常越冬，较丰产。

6. 大薄壳 来源于实生选种。1984 年初选，在山东、安徽有少量栽培。树势中庸，冠型较小。果个大，平均单果重 2.2 克，果实椭圆形，红褐色，具纵条纹，美观。果壳薄，厚度 0.83 毫米，出仁率 53.7%。果仁饱满光洁，味香，含脂肪 58.6%、蛋白质 19.2%、碳水化合物 8.7%。在大连地区 3 月下旬开花，果实成熟期 8 月底至 9 月初。不耐寒，在山东泰安地区可安全越冬。

7. 小薄壳 来源于实生选种，系意大利 2 号的实生苗。1984 年初选，在山东、安徽有少量栽培。果实中大型，圆锥形，金红色，果面具纵条纹，美观。平均单果重 2.1 克，果壳厚 0.86 毫米，出仁率 51.5%。果仁饱满光洁，味香略甜，风味佳，含脂肪 61.9%、蛋白质 14.4%、碳水化合物 11.8%。在大连地区 3 月下旬开花，果实成熟期 9 月上旬。较丰产，在泰安地区可安全越冬。

（二）引进国外欧洲榛品种

1. 巴塞罗那(原名 Barcelona) 原产自西班牙。1998 年引入，现保存于河北省林业科学研究院和河北省邢台长信林场。果实近圆形，果形指数为 0.91，平均单果重 3.6 克，果壳红褐色，具纵条纹，壳厚。果仁饱满，较光洁，出仁率为 5%。好果率可达 69%。果苞长度中等，果实茸毛较多。

树势强壮，树冠大，15 年生树高 6～7 米，冠幅直径 5 米。产量高，2.3～3 吨/公顷，产量级别为国际五级，果实于 9 月中旬成熟。

该品种适于加工，抗寒性差，适宜在年平均温度 13℃ 以上地区栽培。在河北石家庄、邢台以南可安全越冬。

2. 巴特勒(原名 Butler)　原产自美国。1998 年由美国引入，现保存在河北省林业科学研究院欧洲榛种质资源圃。果实近圆形，果形指数为 0.84，平均单果重 3.6 克，果壳红褐色，壳厚中等，果仁饱满，较光洁，出仁率 48%，好果率 81%。果苞较短，果实茸毛较少。

树势强壮，树姿半开张。花粉多，可作授粉树。果实于 9 月中旬成熟。产量较高，1.5～2.3 吨/公顷。

该品种果实适于加工，抗寒性弱，适宜在年平均温度 14℃以上地区栽培。在山东、河北南部可安全越冬。

3. 卡姆佩尼卡(原名 Camponica)　原产自意大利。1997 年由意大利引入，现保存于河北省林业科学研究院，生产上尚未栽培。果实圆形，果形指数为 0.92，外观美丽，平均单果重 3.7 克，果壳红褐色、厚，果仁饱满，出仁率为 48%，好果率 71%，果苞长度中等，果实茸毛较多。

树势强壮，树姿半开张。产量高，2.3～3 吨/公顷，果实于 9 月中旬成熟。

该品种适宜作干果直接食用或加工甜食品。抗寒性差，适宜在年平均温度 14℃以上地区栽培。在河北邢台以南可安全越冬。

4. 卡西纳(原名 Casina)　原产自西班牙，1998 年由美国引入，现保存于河北省林业科学研究院邢台长信林场，生产上尚未栽培。果实圆形，果形指数为 0.97，平均单果重 2 克，果壳红褐色、薄，果仁饱满，光洁，出仁率高达 56%。好果率为 86%，果苞较长，果实茸毛较多。

树势中庸，树姿半开张。果实于 9 月中旬成熟。产量高，盛果期产量达 3 吨/公顷，在河北邢台地区可安全越冬。

该品种适宜加工，抗寒性弱。适宜在年平均温度 14℃以上地区栽培。

5. 埃内斯(原名 Aineisi) 原产自美国，1998 年由美国引入，现保存于河北省林业科学研究院及邢台长信林场，生产上尚未栽培。果实椭圆形，果形指数为 0.87，果个大，平均单果重 4.3 克，果壳红褐色、中等厚，果仁饱满，出仁率 46%。好果率 88%。果苞较短，果实茸毛少。

树势强壮，树冠大，产量高，3 吨/公顷。果实成熟期 9 月下旬。

该品种适宜加工，不耐寒。适宜在年平均温度 14℃以上地区栽培。

6. 海尔·吉安特(原名 Hall's Giant) 原产自德国。1998 年由美国引入，现保存于河北省林业科学研究院及邢台长信林场，生产上尚未栽培。果实近圆形，果形指数为 0.85，平均单果重 3.6 克，果壳厚度中等，果仁饱满，出仁率 40%，好果率 73%。果苞中长，果实茸毛较少。

树势强壮，树姿半开张。产量低，0.7 吨/公顷。果实成熟期晚，9 月下旬成熟。

该品种适宜加工，不耐寒。适宜在年平均温度 14℃以上地区栽培。

7. 耐格瑞特(原名 Negret) 原产自西班牙。1998 年由美国引入，现保存于河北省林业科学研究院邢台长信林场，生产上尚未栽培。果实长圆形，果形指数为 0.74，平均单果重 2.4 克，果壳薄，果仁饱满，出仁率 51%。果苞较短，果实茸毛少。

树势强壮，树姿半开张。果实成熟期 9 月下旬，产量较高，2.3～3 吨/公顷，在河北邢台地区可安全越冬。

该品种适于加工，不耐寒，适宜在年平均温度 14℃以上地区栽培。

8. 佩雷斯(Palaz) 原产自土耳其。1997 年由意大利引入，现保存于河北省林业科学研究院及邢台长信林场，生产上尚未栽培。果实长圆形，果形指数为1.09，平均单果重1.8克，果壳红褐色、薄，果仁饱满，出仁率达54%。果苞长，果实茸毛少。

树势中庸，树姿半开张。果实成熟期9月中旬。产量较高，2.3～3吨/公顷，在河北邢台地区可安全越冬。

该品种抗寒性能力差，适宜在年平均温度14℃以上地区栽培。

9. 特姆布尔(原名Tombul)　原产自土耳其，1997年由意大利引入，现保存于河北省林业科学研究院及邢台长信林场，生产上尚未栽培。果实近圆形，果形指数为0.84，果个小，平均单果重1.8克，果壳红褐色、厚0.9毫米，果仁饱满，光洁，出仁率高达55%，好果率达68%。果苞长，果实茸毛少。

树势中庸，树姿半开张。果实成熟期为9月中旬。产量较高，2.3～3吨/公顷。

该品种适于加工，抗寒性差，在河北邢台地区可安全越冬，适宜在年平均温度14℃以上地区栽培。

10. 都达泽恩蒂·兰佛(Tonda G. D. Langhe)　原产自意大利，1997年由意大利引入，现保存于河北省林业科学研究院及邢台长信林场。果实扁圆形，果形指数为0.94，外观美，平均单果重2.6克，壳厚度中等，果仁饱满、表面稍粗糙，出仁率46%～48%，好果率85%。果苞较短，果实茸毛较多。

在意大利丛生性生长，树姿半开张。果实成熟期9月中旬。丰产，1.5～2.3吨/公顷。

该品种适宜加工，抗寒性差，适于在年平均温度14℃以上地区栽培。

11. 都达·捷佛内(原名Tonoa Di Giffoni)　原产自意大利，由美国引入，现保存于河北省林业科学研究院及邢台长信林场，生产上尚未栽培。果实圆形，果形指数为1.00，平均单果重3.1克，红褐色，壳薄，出仁率为48%，好果率为73%。果苞较短，果实茸毛较少。

树势中庸，树姿半开张，果实成熟期9月下旬。产量较高，2.3～3吨/公顷，在河北邢台地区可以安全越冬。

该品种适宜加工，抗寒性差，适宜在年平均温度13℃以上地区栽培。

第三章 榛子树生物学特性及对环境条件的要求

一、主要器官形态特征

（一）根

自然生长的榛子树，一般为实生繁殖，其根属于实生根系，包括主根、侧根、须根及根状茎，主根明显，垂直向下较发达。而目前榛子树的栽培种，平欧杂种榛是无性繁殖的自根苗（由压条繁殖），属于茎源根系。因此，主根不明显，须根发达，并向水平方向伸展生长，根系分布浅，一般于地表以下5～80厘米的土层中都有分布，但集中分布区是在地表下5～40厘米的土层，最深可达80～100厘米。榛子树可产生根状茎，它是茎的变态，其上有节，节上有不定芽和退化的叶片以及须根和侧根。因此，根状茎具有茎与根的双重特征，其上的不定芽可以萌发伸出地面形成枝，叫做根蘖，其上的须根和侧根可以吸收水分和养分。根蘖可以长成新的株丛。根状茎在产生根蘖的同时，也产生了新的根状茎，不断产生不定芽形成根蘖。生产中常利用这一特性进行苗木繁殖。

(二)枝

分为结果母枝、结果枝、雄花枝、基生枝。

1. 结果母枝 着生有雌花混合芽,具有开雌花和结实能力,雌花混合芽开花后经授粉,可生长出结果枝结果。结果母枝上也着生叶芽,可生长新梢。

2. 结果枝 由雌花混合芽萌发形成的短枝,6～7 节,枝顶上有果序。

3. 雄花枝 新梢抽生的二次枝,其上着生雄花序。结果母枝上直接着生雄花枝。

4. 基生枝 由树丛的基部丛生芽萌发形成。基生枝使树体形成灌丛。

(三)叶

榛子树萌芽之后,随着新梢的生长,叶片依次展开。新梢加速生长,叶片迅速长大。榛子树的叶片较大,自然生长的榛子树,当叶幕层较厚时,下部叶片常因光照不足而变黄,早期脱落。而且下层枝也生长细弱,结实能力差。当秋季植株停止生长时,大部分叶片枯黄脱落,只有少数品种枯叶仍宿存在树上,直至翌年萌芽时才完全脱落。宿存的叶片可以改善榛子园的热量状况,从而保护株丛在严寒和少雪覆盖的冬季安全越冬。

(四)芽

分为叶芽、花芽、基生芽。

1. 叶芽 生长在枝条的侧方及顶端,叶芽萌发可以形成新的枝条，大部分为结果母枝。

2. 花芽　为雌花混合芽，多着生在结果母枝的中上部。花芽顶部开花后，芽的后半部分可以伸长，形成6～7节的短枝，即结果枝。

3. 基生芽　生长在丛生枝基部，即茎与根的交界处，数量不定，在表土里呈白色或粉红色，萌发形成基生枝。

(五)花

榛子树的花为雌雄同株单性花，先开花后展叶。雄花为柔荑花序，常2～7个成总状排列，着生于新梢中上部的节位上，每一个雄花序呈圆柱形，其上着生许多小花，花药黄色，椭圆形，2室纵裂，成熟的花粉为黄色。雌花为头状花序，生于1年生枝的中上部和顶端的混合芽中。雌花开花时，在花芽的顶端伸出一束柱头，鲜红色或粉红色，向外展开，柱头长5～8毫米，每一个花序的柱头数量不等，8～30枚，每朵花有2枚柱头，授粉后柱头变成黑色并枯萎。

(六)果　实

榛子树的果实为坚果，由果壳、果仁构成。果壳由外、中、内3层果皮形成坚硬的壳。果仁即种子，由种皮和两片子叶组成，即为可食部分。果实的形状因品种不同而异，大体分为圆形、椭圆形、扁圆形、长圆形、圆锥形等。果壳的厚度不等，壳厚1.29毫米以下为薄壳，1.3～1.59毫米为中厚壳，1.6毫米以上为厚壳。果面的颜色基本分为黄色、金黄色、黄褐色、红褐色4种类型，有的还具有彩色条纹或浅沟纹等。

榛子树果实外由绿色的果苞包裹在内，果苞呈钟状、开张或闭合。果苞按其长短分为 3 类：一是果苞与果实纵径相等；二是果苞短于果实纵径，果顶露出果苞外；三是果苞长于果实，当果实完全成熟时，果苞变成黄褐色，果实脱苞落地。

果仁皮（种皮）呈红褐色或褐色，其光洁度也因品种不同而异，可分为光洁、较光洁和粗糙 3 类。按其与果仁脱落程度难易，可分为易脱落和不易脱落 2 种。

二、结果习性

（一）花芽分化

雌花花芽分化是在新梢停止生长之后，枝芽已有一定的营养积累后开始的。一般从 6 月底至 7 月上旬开始分化。花芽形态分化的开始期常因榛树种类、品种（品系）不同及树体的营养状况和新梢停止生长的迟早不同而异。停止生长早的短枝花芽分化也早。

花序分化初期，芽内生长点变平，然后出现小突起，即为柱头原始体。柱头明显可见在 7 月中旬至 8 月上旬。于 8 月上旬至 9 月上旬在柱头下出现环状物，即果苞原始体。柱头形态分化完成期最早在 8 月下旬至 9 月上旬，最迟在 10 月下旬至 11 月中旬。形态分化完成的柱头，其先端为红色或粉红色。

雄花序形态的出现，最早在 6 月上旬，先在叶腋间出现红色细长尖状物，逐渐长成右下的雄花序，呈白色或淡绿色，以后逐渐加粗加长生长。9 月上旬至 10 月份雄花逐渐变成淡黄色，花序体积不再增大，此时其形态分化已经完成，雌、雄花序的形态可见，分化完成需 65～85 天。

（二）开花结果特性

1. 开花习性 榛子树的雌花、雄花先叶开放，并几乎同时开放，春季气温回升快，雄花开放进程也快。因此，有时雄花早于雌花开放1～3天。如果气温回升缓慢，雌花、雄花则同时开放。雄花开放是以雄花序松软开始，然后花序伸长，花苞片开裂，花药散粉时为雄花开放盛期。花粉全部散完，花序枯萎为雄花末期。雌花芽顶端微露出红色或粉红色柱头为雌花开花始期，当雌花柱头全部伸出时，柱头向四周展开为盛花期，此时的柱头鲜艳，湿润而亮泽，是授粉的最佳始期。当柱头色泽变暗并枯萎即是雌花末期。由于气温的变化单株开花时间不同，雄花单株开放持续6～14天，雌花开放持续10～14天。

2. 结果习性 榛子树开始结果年龄早，无性繁殖且生长发育正常的榛子树，1～2年生树可形成雌、雄花序，2～3年生树开始结果，4～9年生树进入初果期，具有经济产量，10年生树以上进入盛果期，可维持20年以上。平欧杂种榛子在良好管理条件下，7年生树可以丰产，并且产量稳定。

榛子树的结果母枝，常常是营养积累充足的强壮枝，在盛果期的大树上，树冠内膛正常发育的小枝，能形成雌花芽而成为结果母枝。叶丛枝、短枝、中枝、长枝均能形成雌花芽 。雌花芽量的多少主要看枝条营养积累的程度。枝条营养充实，其上形成的雌花芽就多；反之，就少。一般中长枝从基部第四至第五节开始直到顶端均可形成雌花芽，有的节位形成雄花序就不能形成雌花芽，有的节位为叶芽。因此，常常是叶芽、雌花芽、雄花序生长在同一结果母枝上。

结果母枝上的雌花序（混合芽）授粉后，伸长形成一个短枝，即为结果枝，一般5～7节，其顶端有一果序。果序坐果的多少，常与品种和授粉受精、营养状况有关，有的品种每个果序坐 1～2 个果，有的则坐 3～5 个果，平欧杂种榛发现最多有坐 15 个果的，坐果越多，丰产性越好。如果单株每个果序平均坐果 2 个以上，则认为该品种丰产性强。

榛子树产量的多少，主要取决于雌花的多少、坐果率的高低、果实大小及果仁饱满程度等因素。如雄花序多的品种，常因其争夺养分而不利于雌花芽的形成，导致产量下降。因此，雄花序数量适中的是较理想的品种。作为授粉树，可选择雄花序多、花粉量大的品种。

榛子树中有的结果枝因当年结果过多，消耗了大量养分，则不能连续形成雌花芽、不能连续结果。因此，有时会出现大小年结果现象。

（三）落花落果

同其他果树一样，榛子也有落花落果现象。

1. 落花 结果枝伸长后，其顶端露出的小苞叶（花序）脱落，即称落花。落花主要原因是雌花序没有授粉，或只授粉而没有受精，导致子房不能膨大而脱落；也有因干旱、风沙、冻害等原因导致脱落的。

2. 落果 落果集中在 2 个时期。第一次在 6 月中旬，正值新梢旺盛生长期和果实迅速膨大期，此期都需要大量的水分和营养物质，此时如遇干旱或营养不足势必引起落果。同时，由于卷叶虫钻入木质化的果实基部危害幼果，也会引起幼果枯萎而脱落。前期也有因病害，引起果柄枯萎导致落果的。第二次在 7 月下旬至 8 月上旬，此时为果仁迅速发育期，如结果多、营养不足等原因引起落果，该时期称为生理落果期。

（四）空粒现象

空粒现象是指果实无果仁，属于一种生理现象。原因有 2 个：一是雌花虽然已授粉，但没有受精，则胚囊不能发育。二是已受精的配子在发育初期，遇到营养不足和环境条件不利，导致早期败育。但是子房在花粉管的刺激下仍可膨大发育，形成坚硬的果壳，而无果仁，就会造成空粒现象。

解决空粒的方法有：一是选择优良品种。品种不同，形成空粒率有较大差别。二是配置授粉树。有授粉树或不同品种隔行混栽的榛子园，可有效降低空粒率。三是加强肥水管理。在榛树果实发育过程中提供充足的营养条件，不仅可以解决空粒问题，而且也能大大减少落花落果现象。

三、物候期和生命周期

（一）物 候 期

1. 树液流动期 春季从有树液流动至雌雄花开为止，为树液流动期。从伤口处分泌出伤流液，表明树根已开始活动。树液流动在辽宁熊岳地区 3 月下旬出现，其日平均温度为 3℃～5℃。

2. 开花期 榛子树为开花较早的树种之一。在树液流动后，日平均温度达到 6℃～8℃时，即开始开花，先叶开放。平欧杂种榛在熊岳地区于 3 月中下旬开花。在沈阳地区始花期为 3 月下旬至 4 月上旬。

3. 萌芽及新梢生长期 萌芽期在开花之后。雌花开花末期，叶芽开始膨大，此时气温稳定在 8℃～10℃。叶芽膨大、芽鳞片开裂后伸长，接着第一片叶展开，此时为展叶期。展叶之后新梢开始生长，并很快进入旺盛生长期，在短期内(30 天左右)则形成枝叶繁茂的树冠，保证树体生长发育所需营养物质的供给。结果枝长至 5～7 片叶子的时候(5 月中下旬)即结束生长，露出果序。生长期为 30～40 天。新梢的生长，在 8 月中下旬结束，生长期为 90～110 天。因此，一切促进榛子树营养器官生长发育的农业技术措施应在 6 月中旬以前完成，以便充分发挥其作用。

4. 果实生长发育期　当雌花的柱头接受花粉后，花粉粒形成花粉管，经过 4～7 天生长达到花柱基部，然后呈静止状态。从雌花授粉至幼果开始膨大需要 60～75 天。在此期间雌花芽要萌发生长成结果枝，在其顶端露出果序，已受精的花序便开始发育，从幼果膨大至果实成熟需要 87～101 天，果实发育主要分为 7 个阶段。

(1)子房膨大期　子房明显增大，幼果直径约 2 毫米，此时为果实发育的开始，时间为 5 月下旬至 6 月上旬。

(2)幼果迅速发育期　此时幼果体积迅速增大，直至果壳硬化为止，时间为 6 月上旬至 7 月上旬。

(3)果壳硬化期　果皮开始硬化至完全硬化，达到品种标准大小。时间为 7 月份。

(4)种仁发育期　果皮硬化前，种仁缓慢发育，果皮硬化后，种仁体积开始迅速增大，直至种仁充满果腔。时间为 7 月下旬至 8 月上旬。

(5)种仁充实期　此期果仁内含物开始充实积累干物质，直至果实成熟，时间为 8 月上旬至 8 月下旬。

(6)果实成熟期　果实由白色变成应有的色泽，如黄褐色、红褐色、黄色等，触及果实即可脱苞。时间为 8 月下旬至 9 月上旬。

(7)果实脱落期　此期果实充分成熟，果苞变成黄褐色或褐色，并自然张开，果实自然脱苞落地。时间为8月下旬至9月上旬。

5. 落叶期　此期叶片枯黄失去生命力。平欧杂种榛落叶期在沈阳为10月中旬至11月上旬，在熊岳为10月下旬至11月中旬。

6. 休眠期　叶片枯黄后，植株进入休眠期，直至翌年春季树液流动为止，此期榛树的生命活动大为减弱。

（二）生命周期

榛子树同其他果树一样，都有它的生长、发育、衰老、更新和死亡的过程，这个过程称为生命周期，也称年龄周期。认识这个过程的规律性对于控制树体生长发育进程，达到早产、高产、稳产和长寿的目的，具有重要意义。

通过压条繁殖的榛子树为无性繁殖，已度过了童期阶段，在适宜的条件下便可开花结果。但从栽植的时候起，经过多年结果后则衰老死亡。

栽培的榛子树按其生长结果的明显转变期，可划分为4个时期，即幼树期、初果期、盛果期和衰老期。

1. 幼树期　为1～3年生树。其特点是树冠和树根的离心生长速度快，光合面积和吸收面积迅速扩大。同化物质积累逐渐增多，为首次开花结果创造条件。个别树有少量开花结果，但产量较少。

2. 初果期　为4～9年生树。其特点是树冠和树根加速发育，是离心生长速度最快的时期。由于叶果比例加大，花芽容易形成，产量逐年上升，表现为年年结果。

在此期为了尽快达到盛果期，修剪技术方面要多短截、缓放，少疏枝，即以截缓为主的修剪方法，使树冠尽可能达到预定的最大营养面积。同时,要缓和树势,使花芽形成量达到适度比例。在肥水管理上,少施氮肥,多施磷、钾肥。

3. 盛果期 为10～30年生树。从高产、稳产至产量逐年下降的初期为止。其特点是由于果实产量高,消耗大量营养物质,枝条和根系生长受限,树冠达到最大限度。

盛果期,在农业技术措施方面要进一步加强肥水管理,充分供应营养;在修剪技术上,要短截、疏枝、缓放相结合,使生长、结果及花芽的形成达到稳定平衡状态。

4. 衰老期 为31～50年生树。衰老期从产量明显下降开始,直至几乎无经济收益,大部分植株不能正常开花结果以至死亡。其特点是输导组织相应衰老,贮藏物质越来越少。末端枝条和根系大量死亡,向心更新强烈发生,最终导致骨干枝、骨干根大量衰亡。

衰老期树在修剪技术上应以短截、疏枝为主,结合疏花疏果,同时配合深翻改土增施肥水、更新根系,延缓衰老。对于毫无经济价值的老树应淘汰,养地后重建新园。

四、环境条件对生长结果的影响

栽培榛子树指平欧杂种榛、欧洲榛,在对环境条件适应性方面两者差异较大,欧洲榛原产自亚洲的小亚细亚及欧洲的地中海沿岸,对气候、土壤的选择性较强。而我国自己培育的平欧杂种榛是用我国原产的平榛作母本,欧洲榛作父本杂交育种培育成的新品种,由于母本是分布广泛的平榛,因此,对土壤和气候的适应性较强。

(一)温 度

平欧杂种榛子经过10年的区域试验表明,抗寒性强。它的安全北界是沈阳北郊,在北纬42°、年平均温度7℃、冬季最低气温－30℃条件下可正常越冬。而1999年冬至2000年春及2000年冬至2001年春,出现了几十年未遇到的低温,其极端低温分别是－32.9℃和－35℃。在这种超低温及低温持续时间长的情况下,参加试验的78个平欧杂种品系大部分安全越冬(仅在树干基部培土,没有任何其他防寒措施)。平欧杂种榛在－35℃低温情况下,轻微抽梢品系占44.9%,加上轻度受害的共64.1%。

平欧杂种榛子栽培南界可以到北纬32°,即年平均温度15℃,从地理位置来看,即沈阳以南至长江以北地区。四川、云南及贵州海拔高、气温凉爽的地区也适宜栽培平欧杂种榛子。总的来说,即平欧杂种榛适宜栽培在北纬32°～42°地区,适宜年平均温度7℃～15℃,即适宜中温带、南温带及北亚热带地区栽培。

平欧杂种榛子不同品种抗寒性不同,分为3类:一是抗寒品种适宜沈阳以北栽培,年平均温度8℃以下,冬季极端低温－30℃以下。二是抗寒品种中等品种,适宜年平均温度8℃～12℃,冬季绝对低温－18℃～－29℃。三是不耐寒品种,但耐热能力强,适宜年平均温度12℃～15℃,冬季极端低温在－10℃以上。

欧洲榛属于亚热带树种,喜温暖湿润的气候,特别是在冬季,要求－5℃以上气温才能安全越冬,适宜年平均温度13℃～15℃的条件,极端最高气温在38℃以下。夏季气候凉爽干燥,冬季和春季在0℃以上,并且空气湿润的地中海式气候,更有利于欧洲榛的生长和结实。

榛子树的开花常受气温影响。在天气晴朗、气温高、风力不大时,雄花很快开放,有利于雄花散粉和雌花授粉。如遇高温大风天气，雄花往往过早散粉，形成雌雄异熟现象，不利于雄花授粉。榛树是开花早的树木，雌花最易受晚霜危害。如果开花期遇低温，则花期延长；如果低温达0℃以下，则雌花受冻。

（二）水分和湿度

榛子树叶片宽大，蒸发面积大，因此榛子树喜湿润的气候。榛子树的雄花序是裸露的，叶芽和花芽的鳞片少而松散。因此，它要求在休眠期（冬春季节）的空气湿度较高，一般平欧杂种榛在休眠期要求空气相对湿度达到60%以上。

榛子树生长地域年降水量600～800毫米，可满足生长发育的要求，最适年降水量为700～1 000毫米。我国北方春季干旱，因此年降水量500毫米以下的地区栽培时需有灌水条件。北方冬季降雪有利于榛子越冬。

土壤湿润的条件下，有利于榛子树的生长发育，干旱的土壤使榛子树生长发育不良；同样，土壤积水过多，使榛子树根系呼吸受阻树势衰弱，严重积水会使榛子树死亡。

（三）光　照

榛子树为喜光植物，充足的光照能促进其生长发育和结实。如果在枝叶郁闭、光照不足的榛子园，树冠下部枝条生长细弱，叶片小而薄，光合能力弱，难以形成花芽开花结果，从而使结果部位上移，减少了树冠结实部位，单位面积产量下降。因此，榛子园要求充足的光照，一般年日照数在2 000小时以上可满足榛子树对光照的要求，有利于生产优质果实。

（四）土　壤

榛子树对土壤的适应性强，在沙壤土、壤土、黏质土及轻盐碱土上均能生长。最适栽培榛子树的园地要求肥沃、湿润的沙壤土，特别是腐殖质含量高的土壤，更适宜榛子树的生长和结实。土层深厚、土壤肥沃、排水良好是榛子树丰产必不可少的条件。一般土层厚度在60厘米以上可满足要求。土层厚度小于60厘米需局部改良土壤。特别指出的是，榛子树根系呼吸强度高，要求土壤的透气性良好。因此，在沙质壤土上生长发育更好。轻黏土、壤土、沙壤土、轻沙土也可栽植榛子树。重黏土、沙土（腐殖质含量很低）及涝洼地、沼泽地、重盐碱土均不宜栽培榛子树。其对土壤的酸碱度要求为pH值5.5～8。

（五）地　势

榛子树对地势要求不十分严格，但在北方海拔高度较低的地势，则有利于其生长结实。一般在我国北方地区以海拔750米以下栽培榛子树，在南方地区及云贵高原以海拔2 000米以下栽培均可，但是以山地缓坡地、平地更为适宜。坡度过陡（15°以上）则不利于榛子园管理。丘陵地的中下部缓坡地带的土层深厚，有利于榛子树的生长发育。

第四章 苗木繁殖技术

一、苗圃地选择和区划

（一）苗圃地选择

对苗圃地的选择应从具体情况出发，因地制宜，适当改良，建立苗圃。确定苗圃地点时必须考虑以下几点。

1. 地势 应选背风向阳，日照好，平地或稍有坡度的倾斜地。坡度大的地方不宜作苗圃。平地地下水位宜在1.5米以下，地下水位过高的地块，要做台田及排水，否则不宜作苗圃地。

2. 土壤 以肥沃的沙壤土最适宜榛子苗木繁育。因其理化性质、土壤透气性好，适宜土壤微生物活动，对于种子发芽、幼苗生长均有利，起苗省工，伤根少，其他黏重土、沙土、盐碱土作苗圃地时必须先进行土壤改良，分别掺沙、掺土和修台田，同时施入大量有机肥，否则不能用其育苗。

3. 水源 选择榛子苗圃时要特别注意灌水问题。必须有水源条件：河水、水库水、井水均可。种子萌芽或压条生根，必须保持土壤湿润，幼苗生长期根系浅，耐旱力弱，对水分要求突出，如果不能保证水分及时供应，会造成生长停止，甚至枯死。但榛子根系浅，呼吸强度高，不耐涝，所以必须注意排水。

4. 交通 育苗需要许多物资进圃，苗木出圃时需外运。因此，苗圃的选择必须考虑交通方便，这样可提高工效及经济效益。

（二）苗圃规划

苗圃地选定之后，应根据育苗计划确定苗圃总面积，进行实地测量，绘制地形图，然后按照育苗技术要求做出苗圃地总体规划。

1. 划分小区 小区是育苗生产的基本单位，又称田间作业小区。为了降低成本，规划小区时应尽量考虑便于机械化作业。平地的小区应是长方形，小区的大小应根据总体面积，为便于作业考虑，同时应与道路、排灌系统相结合、相沟通，平地小区面积应大些，坡地小区应小些。小区的规划要符合不同苗圃地的设计要求。

2. 道路系统 大型苗圃主路贯穿苗圃中心，并与主要建筑物相连，外通公路，内通各个作业小区，应能行驶大型农机具及载重车辆，路宽 5～6 米，为大区或小区的边界。支路应能单向行驶农机具及中型载重车辆，路宽 3～4 米，作为小区边界。另外，应设作业道，作业道宽 2 米，可通行小型农机具。

3. 灌排系统 苗圃灌排系统的设计应与道路相结合，与水源位置相连接，道路一侧为灌水系统，另一侧为排水系统。排水可以是地面明沟，也可以是地下暗管。排水由高向低逐级进行，一般坡度比降为 0.3%～0.5%，以达到快速排水的目的。

现代榛子苗圃地的灌溉系统有管道灌溉、喷灌系统、滴灌系统，适于榛子压条繁殖。

4. 苗圃建筑物 包括办公室、农具室、作业室、仓库、地下贮藏库等。还应包括温室、大棚、配药池。办公室应设在主道旁，生产设施应便于作业，在道路及作业小区附近。

（三）苗圃设计

现代化专业苗圃应在小区规划的基础上进行园地设计。榛子苗圃应根据繁殖方法及繁育技术要求包括下列几个部分。

1. 品种资源区 主要用途是为优良品种的引进、观察、扩繁等提供场地，为新建苗圃提供繁殖材料。

2. 露地繁殖区 繁殖榛子有性及无性苗木。

（1）压条繁殖圃 一是压条繁殖圃；二是扦插繁殖圃。

（2）嫁接苗培育圃 栽植、培育嫁接苗，靠近母本园。

（3）实生苗培育圃 播种砧木种子，培育砧木苗，要靠近嫁接苗培育圃。

3. 保护地繁殖区 包括温室、塑料大棚、嫁接插条处理工作室等，应集中安排，便于水电气供应系统的安装、调试和使用。

二、直立压条育苗技术

我国榛子利用历史悠久，已有 5 000～6 000 年，但栽培史很短，是从 20 世纪 90 年代杂种榛子一系列品种、品系问世才开始的。平欧杂种榛子经过多年的试栽，经济效益较高，栽培技术要求简单，适应性强，目前已发展到我国北部黑龙江至新疆 10 余个省、自治区、直辖市范围内。但由于苗木繁殖速度慢，全国的杂种榛子苗木年生产总量不到 400 万株，远远满足不了生产需要。杂种榛子苗木市场价格多年来一直是每株 10 元以上，由于苗木价格高，大大制约了杂种榛子的发展进程。因此，探索改进现有杂种榛子苗木繁育方法，增加杂种榛子苗木繁育数量是当务之急。

(一)平欧杂种榛子的常规育苗方法

目前生产上应用的常规苗木繁育方法具体做法是:利用生产园内的生产树(栽植的株、行距为2米×3米、3米×4米),采用树上结果、树下繁苗的方式繁苗,在杂种榛子树根部的基生枝长至50～60厘米时,将基部25厘米内叶片剪掉,在距地面1厘米处用铁丝横缢,在横缢上部涂抹生根剂。然后把母株基生枝用油毡纸围起来,做成一个茓子,茓高25厘米左右,茓内填充木屑,木屑要保持湿润。如遇干旱应及时补充水分,秋季落叶后,把压条枝与母株分离,即形成1株压条苗。

常规的杂种榛子苗木繁育方法优点是由于为无性繁殖,能保证品种纯度,解决了杂种榛子苗木繁育的问题。缺点是繁育苗木母树进入盛产苗期长,单位面积繁苗数量少,育苗成本高。在苗圃内的操作如围茓、填充基质、涂抹生根剂等成本高、用工量大。在用铁丝处理苗木时,横缢不好易造成上下皮层连接,影响苗木生根。填充木屑及对繁苗母株留枝量过少,会造成繁育母株几年后大量死亡(繁苗母株留枝量过多的,苗木质量下降)。常规的繁苗方法由于出苗量少、生根率低、用工量大,所以繁育出的苗木成本高。

(二)平欧杂种榛子的专业育苗方法

目前生产上繁育榛子苗主要靠压条繁育,就是利用植株基部的萌蘖进行压条繁殖。目前大部分园地是树上结果、树下繁苗,平均每667米^{2}出苗量不足1 000株,结果产量也少,总体效益较低。而专业化苗木繁育圃就不同,由于栽植密度较大,且有效控制繁苗母株枝量,使其基生枝大量萌发,繁苗数量成倍增加。在正常管理条件下，建圃翌年每 667 米^2 可培育苗木 2 000 株左右，以后随着年限增加，每 667 米^2 出苗量在不断增加，4～5 年生以后，每 667 米^2 培育苗木量可以达到 8 000 株左右。

平欧杂种榛专业育苗方法是先建立苗木培育圃，株、行距 0.8～1 米×2.2～2.8 米，建圃后翌年开始繁苗。繁育榛子苗主要是利用基生枝，因此在日常管理中，要控制繁苗母株地上部分生长量，促进基生枝萌发数量。在每年 6 月份母树基部萌发的基生枝基部用细铁丝横缢，绑铁丝处至上方 20 厘米内喷抹生长素，然后进行培土，培土高度为 25 厘米。所处理的基生枝条长度一般要求在 70 厘米左右，培土用的材料要疏松，应注意及时灌水，要保持其土壤湿润，以利于根系的萌发。

1. 压条前母株管理 春季萌芽前对母株进行修剪，其中保留 1 个主枝轻修剪，以保持母株的正常发育，其余主枝重修剪，并把母株基部的残留枝从地面处全部剪掉，促使母株发出基生枝（萌生枝和根蘖枝）。萌生枝和根蘖枝生长期间要及时灌水，追施化肥 1 次，以促进其生长。

2. 生根剂的使用 榛子是很难生根的植物之一，通过扦插、组织培养等方法效果不是很理想（主要是成本较高）。目前生产上基本上是用直立压条并与基部涂抹植物生长调节剂类药物刺激生根。市场上用于刺激植物生根的植物生长调节剂类药物的种类很多，大部分效果都很好，但其价格差别较大。好的生根剂是在保证药剂效果的前提下低成本。目前生产上应用较多的是吲哚丁酸、萘乙酸原药。

3. 压条时期 一般在当年基生枝半木质化时进行，即基生枝生长至 60～70 厘米高、基部已达到半木质化。在大连地区 6 月上中旬、在沈阳地区 6 月下旬进行。

4. 直立压条方法 利用栽植的杂种榛子树根部的基生枝压条繁育苗木。在基生枝长至 60～70 厘米时，将基部 25 厘米内叶片剪掉，在距地面1厘米处用铁丝横缢，在横缢上部喷布生根剂，然后用培土或围油毡纸充填锯末压条。

三、扦插育苗技术

扦插繁殖主要是利用绿枝扦插。方法是利用拉枝、短截等方法促使母树形成大量新梢，然后利用新梢在塑料棚内进行扦插，扦插当年苗木高度可达50厘米左右(个别可达到标准苗高度)，翌年移栽培养成标准苗。绿枝扦插繁殖需要一个新梢繁殖圃、保护地扦插圃、移栽培养圃3块地，且需要2年时间，才能培育成达到生产要求的标准苗。

平欧杂种榛子扦插繁殖成活率较高，一般可达到90%左右。但由于需要地多、时间长，按单位面积、单位时间折算出苗率，要比利用母本树压条繁殖低得多。因此，杂种榛子扦插繁殖在生产上利用得较少。

(一)设施的准备

为达到绿枝扦插所需的环境条件，需建温室或塑料大棚，面积以育苗数量而定。

1. 控温设备　绿枝扦插正值夏季，控制高温是关键措施。控温方法包括：一是顶部用遮阳网，以光照达到60%～70%即可。二是打开通风孔，降低空气温湿度。三是喷雾（用冷水）增加湿度，降低温度。四是用排风扇排除热空气。五是采用水墙设备，成本高，增加投资。

2. 控制水分及湿度设备　温室及大棚内设置喷雾设备，可随时进行室内喷雾，雾滴要细。

3. 控制光照设备 主要采用遮阳网，并可降低温度。

（二）扦插时期及方法

1. 时期 大连地区一般 6 月中旬左右进行。

2. 方　法

(1)采集插条 选择优良品种半木质化新梢。剪带叶当年新梢，在温室内剪成具有 2 片叶 3 节的插条(顶梢插条 3 片叶)，每片叶横向剪成半叶或保留整叶。

(2)扦插 剪下的插条，浸蘸生长素，然后要尽快插入床中，扦插株、行距 12 厘米×12 厘米，插后立即喷水，以保持叶片新鲜、湿润。

（三）插床管理

主要保持温室或大棚的环境条件符合插条生根的要求，控温、保湿、适宜的光照。喷水是保持叶片新鲜经常性的工作，一般中午高温，需通过增加喷水次数、时间、打开通风孔等措施降低温度。早、晚凉爽时可减少喷水次数和时间，夜间不必喷水。保持插条叶片绿色达 30 天以上时，插条即可生根，当扦插 45 天时插条根系已很发达，可以移植。

（四）移　苗

在温室或大棚里进行，将苗床土壤深翻打细，做成宽 1 米的畦，将已生根的苗带叶片移植，移植初期经常喷雾，保持叶片绿色，使之继续进行光合作用，以促进枝条芽充实饱满及根系的继续生长。如果能使芽充实饱满，扦插苗即可完成。如果插条芽萌发，应使之新枝条成熟才能完成扦插苗的培育。

四、苗木出圃和贮藏

(一)起 苗

1. 起苗时期 绿枝直立压条苗、硬枝直立压条苗、扦插苗应于秋季起苗,嫁接苗秋季或春季起苗均可。秋季起苗在苗木落叶后至土壤结冻前,春季起苗要在土壤化冻后至萌芽前。起苗前如遇土壤干旱应提前灌水,待土壤湿度合适时再起苗。起出的苗木,要求主、侧根的长度最少保留 20 厘米,不能伤根过多。

2. 起苗方法 实生苗主根长、须根多,如果用拖拉机带起苗犁起苗,既省工,又能保证苗木根系长度。而压条苗、嫁接苗及扦插苗则适宜人工起苗,起压条苗时要注意切割压条苗的位置,必须保证全部须根保留在苗木上。挖取嫁接苗应深挖,尽量减少砧木根系的损伤。

(二)苗木分级

挖出的苗木要尽量避免风吹日晒,及时根据苗木的大小、质量优劣进行分级、假植。分级应根据苗木规格进行,不合格的苗木应留在苗圃地继续培育。在进行分级时,应同时剪除不充实的枝梢、病虫危害部分、根系受伤部分及嫁接苗砧木萌生枝,剪口要平滑。合格苗木,即可进入商业化栽培园定植的苗木,其基本要求是苗干高 70 厘米上,苗茎粗度(茎基部直径)0.7 厘米以上,木质化根系 5 条以上。

(三)苗木贮藏

榛树压条苗、扦插苗均需在秋季起苗出圃,从起苗出圃至翌年春季栽植,有 4～5 个月的休眠时间,须做好苗木的假植和贮藏。苗木休眠贮藏期间需低温和湿润的环境。低温即要求 2℃～－3℃的温度,这种温度使苗木芽不萌发,处于休眠状态,沙培使之保持在湿润的环境,保证苗木茎和根系不失水。因此,在北方有 3 种假植贮藏榛苗方法。

1. 室外地沟贮藏 在苗圃地附近,选背风、干燥、排水良好的地方挖假植沟,沟宽 1 米、深 80～100 厘米,沟长根据苗木数量而定,最好南北向延长开沟。苗木根向下,苗干顶部向上,苗干顶部向南倾斜放入假植沟中,放一层苗木,培一层湿沙,沙子要求是干净的河沙,沙粒大小 1～2 毫米。刚起苗时,苗木培沙高度应是苗木高度的 2/3,当空气温度下降至 0℃以下、土壤结冻前,将苗木全部用湿沙埋上。

2. 地下窖贮藏 地下窖深 2 米以上,在北方的冬季可保持苗木贮存需要的温度 2℃～－2℃。用湿沙培苗,沙子保持湿润,地下窖内空气相对湿度可保持 80%以上,以适于苗木假植越冬。窖内苗木垂直放置,把根系及苗干 30 厘米以下用湿沙培好,可保证苗木安全越冬。

3. 气调贮藏库贮藏 用电控制贮藏库的温度,保持低温。在库内用湿沙把苗木 30 厘米以下部位及根系培好。这种方法成本较高。

(四)苗木包装与运输

榛子苗失水后恢复能力很差,用水浸泡也不能恢复原状,严重影响栽植成活率。因此，榛苗从起苗、假植、运输及到达栽植地，任何一个环节必须保证榛苗不失水，其中运输途中，特别是长途运输应重点得到保护。

少量邮寄苗木或大量远途运输，可利用苗木包装箱。杂种榛子苗木包装箱设计规格为 0.3 米×0.4 米×1 米（每箱装 200 株苗），内放保湿填充物，根据运输时间长短计算保湿填充物数量多少。

第五章 榛子园的建立

一、园址的选择与规划

（一）园址选择

榛子为多年生果树，一经栽植，多年经营管理。因此，选择园址时不但应考虑气候、土壤等自然条件，而且应考虑社会经济状况、交通等因素。慎重选择园址建园，以达到最佳的产量和最大的经济效益。主要考虑以下条件。

1. 气候 温度条件，年平均温度是否在榛子栽培区范围内，冬季绝对低温能不能使榛子树安全越冬。降水量及其月份分布能否满足榛子树对水分的需求。晚霜出现的时间及其频率，能否在开花期受害等。

2. 地势 榛子树栽在平地上最好，平地土层深厚肥沃，榛子生长发育快，可早结果、早丰产，也便于管理和机械化作业，可降低管理成本。缺点是降水量大时排水不便，应在设计时考虑排水系统。榛子树栽在缓坡地上，土层较深厚，光照充足，有利于排水，也是较理想的建榛子园条件。在丘陵地建园，应在坡地的坡麓地带，此地土层深厚，有利于榛子树生长。坡度不大时，在任何坡向均可建园。

3. 土壤 以排水良好的沙壤土最适榛子树生长，因为沙壤土透气性好，有机质易分解。其次，壤土、轻黏壤土也是较好的土壤。土层深厚肥沃有利于榛子树的生长发育，土层厚 60 厘米以上，土层厚不足 60 厘米应局部改良土壤。土壤黏重、低洼易涝、重盐碱土不适宜建立榛子园。

4. 水源 榛子树喜湿润的环境条件，北方气候特点是春季干旱，因此保证水分充分供应是榛子园不可缺少的条件。靠近江、河流、水库以及有地下水源条件均可建园。

5. 社会条件 榛子园的产品是坚果，建园时应考虑榛子的销售及食品加工条件，以及销售贮藏、运输等条件，榛子园管理能否提供劳动力等情况。

（二）规划与设计

建立大型商业化榛子园需要科学地规划和设计，使之合理利用土地，符合先进的管理模式，采用现代技术、机械化作业，减少投资，早期投产，以取得最佳经济效益和社会效益。

1. 准备工作 一是调查当地的气象、地质、土壤、植物等情况。采集土壤样品，化验分析。二是调查市场、劳动力、农机、运输、农民收入等社会经济情况。三是对宜园地踏查及地形测量，勾画出草图，以备规划设计时使用。四是对园地的建园规模及设计投资额进行匡算。

2. 榛子园规划 园址、经营规模确定之后，要对园内分区、道路、防护林、排灌系统及有关建筑物等设置做统一规划。

(1) 小区的划分　为了便于机械化作业，榛子园应尽量集中连片。但是，为便于运输和管理，对于较大的榛子园要划分小区，每小区的面积不宜过大，一般以 6 670～13 340 米^2 并为长方形为宜，要以自然沟渠为界来划分小区，以利于管理和水土保持。小区常以道路分开。

(2)道路的设置 一般要设置干路、支路和作业道。干路宽5～6米，是园内的主要道路，外与公路相通，内与支路相连，将榛子园分成几个大区。支路宽3～4米，把园内大区分成若干小区，小区内设作业道，每10行树设1条作业道，宽3米。

(3)排灌系统设置 应充分利用当地水源，如河流、小溪、地下水、修小水库、筑塘坝、打井等，引水入园。根据园地面积大小和需水量，在园内高处修建贮水池。灌溉渠道的设置，无论在平地或坡地，其走向都应与榛子园小区的长边一致。而输水的支渠与小区的短边一致。山地园的渠道与平地不同，它可以结合水土保持系统，沿等高线按一定比降挖成明沟，可排灌兼用。平地园，如进行沟灌，则可不另开灌溉渠。山地榛子园，道路坡度大时，路旁要设排水沟，沟内每隔10米左右设一道埂，以减缓水势，防止冲刷。道路旁的排水沟应与总排水沟连通，以免因积水过多时冲刷路面和园地。

现代榛子园的灌水系统，应为节水型，主要分3个系统：一是管道灌溉系统，用输水管道把水输送到榛子园里，实施树盘灌溉或沟灌。二是喷灌系统，增加园内空气湿度，改善局部环境。三是滴灌系统，节约水量，保持土壤湿润，但设施成本较高。

(4)防风林的设置 为防止风害和改善园内小气候环境，要设置防风林。规划设置时，要根据当地的地势、主风方向和林带防风的有效距离(一般为树高的20～30倍)来设计林带的定向、带间距离、林网的形式及适宜树种。山地榛子园的防护林可设置在园地的四周、沟谷两旁或分水岭上，主林带一般5～8行，与当地主风方向垂直，副林带2～4行，与主林带垂直配置。

(5)其他设施 根据榛子园园地大小及榛子产量情况，应设置堆果场兼选果场、包装场，一般每1～2个小区设置一处。该场地要求平整干净，便于堆放带苞的榛子果实以及脱苞、晾晒和除杂物等。堆果场应与园地建筑物，如工作间、仓库等设置在一起。但是存放榛子的仓库必须与存放药物、药械、化肥等仓库以及配药池相隔开，以防有害气体、异味等污染榛果，影响榛果风味和食用安全。

3. 榛子园设计　榛子园总体规划确定之后，要进行园地设计，画出园地规划设计图。在图中标出栽植园、排灌系统、道路、场地建筑物、堆果场、配药池等的位置及其占地面积。

其中定植园的设计要在总的规划设计基础上单独设计，画出小区定植图。在定植图上应包括下列内容：定植的位置、栽植距离、每个小区栽植的品种及株数。设计定植图时，要注意每行第一株与道路和排灌渠道及防风林的距离。最后，画出定植平面图和山地的等高梯田图。

上述建园规划设计主要是针对建立大型商业化榛子园考虑的。农民个体建立小型榛子园(3.3 公顷以下)，虽然没有大型榛子园那么复杂，但是为了榛子园便于管理、省工，提高经济效益，在建园时要有一个科学合理的安排，也要做设计图，特别是小区划分、作业道路、排灌系统的设计很重要。另外，应考虑使用小型农机具，以提高工作效率，减少雇工，降低成本。

二、品种选择与授粉树配置

(一)品种选择

良种是榛子实现高产优质的基础。因此，在建园选择品种和组合搭配时，必须充分考虑品种的特性，选择适宜当地气候、土壤条件的优良品种。我国榛子栽培尚处于起步阶段。目前的栽培品种分为 2 类：平欧杂种榛子和欧洲榛。

平欧杂种榛子新品种系列，共60多个品种（品系），因其具有果实个大、果壳较薄、出仁率高、品质佳、果仁光洁饱满、产量高、抗寒性强等特点，其中大部分品种（品系），可以在北纬42°以南至长江以北地区安全越冬。对于具体某个地区的品种选择，应先考虑该品种对气候土壤的适应性，特别要考虑冬季能否安全越冬。在年平均温度7.5℃～10℃的范围内栽培榛子，要考虑品种的抗寒性，选择可安全越冬的品种。在沈阳以北地区，年平均温度低于7.5℃，可选择更抗寒的品种试栽，如辽榛3号、平欧110号、玉坠、B21号、平欧21号、平欧210号、平欧28号、达维等；在年平均温度10℃以上地区栽培不必考虑其越冬性。因此，对品种的选择机会较大，主要考虑土壤条件和产量、坚果大小以及品质等因素来选择品种。

另外，根据产品的销售和用途选择品种，如用于果实销售，应选择果实颜色、外观美、果粒整齐度好的品种。如为了脱壳加工果仁及加工食品用，可不必考虑果实外观，但要选择果实圆形的品种，以便于机械脱壳加工。

欧洲榛是榛属植物中重要的栽培树种，其优良品种具有果个大、出仁率高、丰产等特性。欧洲、中亚及北美栽培的榛子主要用本种的品种。但是，该种的缺点是不耐寒，冬季只耐－4℃～－6℃低温，我国北纬36°以北地区不能安全越冬。另外，欧洲榛对气候的选择性强，适应面狭窄，主要在地中海式气候地区栽培，虽然在我国山东泰安引种成功，但在泰安以南地区栽培需要进行试验。另外，适宜我国栽培的品种，除已经鉴定的3个品种（连丰、意丰、泰丰）外，其他引进品种正在试验中，尚不能做出最后的结论。因此，我国各地引种欧洲榛应以先少量试栽，成功后再大量栽培，走稳步发展的路子。

综上所述，我国的榛子栽培，目前大多数栽培区应选择对气候土壤适应性强的平欧杂种榛子新品种系列。

（二）授粉树配置

榛子为异花结实植物，榛子栽培需要授粉树才能丰产，目前我国尚未选出固定的授粉品种。因此，建园时，每个园地或小区可选择 3～4 个主栽品种，相间栽植，其品种的花期相同或相似。每个品种栽 3～5 行，相间栽植可互相授粉。目前榛子栽培发达国家也采用这种方式栽植。如果单独配置授粉树，因榛树花粉有效授粉距离为 18 米，按此原则，主栽品种 4～5 行，授粉品种栽 1 行，即可满足授粉要求。

三、栽植及当年管理技术

（一）栽植时期

榛子的栽植时期对提高其成活率关系很大，虽然春秋季均可栽植，但鉴于我国北方大部分地区冬季降水量少，空气干燥，因此，无论是平欧杂交榛还是欧洲榛，均提倡春季栽植。辽宁地区在 4 月上旬，华北地区可适当提前至 3 月下旬。黄河长江流域宜在 2 月下旬至 3 月上旬，最迟不能超过 3 月中旬。总之，榛子定植必须在萌芽前结束。如果苗木已经萌芽再定植，成活率会大大降低。

（二）栽植密度与方式

决定榛子栽植密度的因素很多，包括栽培种类、品种、栽培的方式、采用的树形、地势、土壤、气候条件等。土壤肥沃、地势平坦的地方栽植距离应大些，坡度较大，土壤瘠薄的山地榛子园栽植行距可小些。长势旺盛、树冠开张的品种则栽植株、行距大些，长势弱、树冠直立紧凑的品种则栽植株行距小些。根据栽培目的不同，栽培密度也有差异。有的为了早期丰产，可以早期密植，以后园地郁闭时可以间伐。生产上一般是单行栽植，常用的株、行距为 2 米×3 米、2 米×4 米、3 米×4 米等（每 667 米^2 栽 111 株、83 株、55 株）。

（三）整地挖坑

1. 整地 榛子园园址选定后，先进行园地开垦，清理杂树、野草、石块等杂物，然后进行土地平整。在落差不大的园地，一般采用人工平整，而差距较大或凹凸不平的园地，则用推土机械平整，然后对全园进行深翻，深度达 30 厘米。在排水不良的平地建园，应在园地深翻后，修成矮台田，高 20～25 厘米，行间修排水沟。对坡度较陡的山地榛子园，则应先修梯田，梯田宽度应考虑栽植的行距。缓坡地可以修水平沟，即沿等高线挖浅沟，每个栽植行可挖一条宽 40～50 厘米的沟，沟深约 20 厘米，从上方挖土培在下方，筑成一条土埂。坡面不整齐的地势，要以定植点为中心，由上部取土培在下方，修成半月形的鱼鳞坑。水平沟和鱼鳞坑的作用是拦截雨水和上部冲刷下来的土壤及有机质。

2. 挖定植穴 根据各小区定植图的位置和株、行距确定定植点。在做定植点的时候，必须注意纵向和横向方位是否正确，全园的定植点确定好以后，开始挖定植穴。定植穴的挖掘以定植前一年秋季挖好为宜，如来不及则于定植当年春季化冻后尽早开始挖定植穴。挖穴时要以定植点为中心，定植穴直径 70～80 厘米、深 60～70 厘米，株距小也可以沿行挖此规格的沟。挖穴时表土、熟土放在一侧，底部生土放在另一侧。回填时，每穴用土粪 20 千克与底土混拌均匀，填入定植穴的下部，然后表层熟土填入定植穴上部。如果底土黏重、石块较多，也可不用底土，而取行间表土直接与土粪混拌填入定植穴的下部，定植穴上部(地面向下 30 厘米)只填表层熟土不放任何肥料。

(四)苗木准备

选择优质壮苗，其木质化根 5～8 条以上，根长 20 厘米以上，具有较多须根、茎充实、芽饱满、苗高 60 厘米以上的苗木。剔除弱小、伤口过多、质量很差的苗木。对选好的苗木稍加修剪，将根系剪留长 10～12 厘米，剪除茎基部的根蘖枝及苗茎超过 100 厘米的部分。然后按大小将苗木进行分类，相同类别的栽在同一小区。

(五)栽植方法

按品种栽植计划将苗木放入备好的定植穴内，使其根系舒展，同时注意校正位置，前后左右对直，然后填土。当填至一半时，将苗轻轻向上提，边填土边踏实，使根系与土壤紧密结合。然后将苗木周围筑起灌水树盘，其直径达 1 米，以便于灌水和蓄水。定植后要立即灌水，并要求灌足灌透。水渗下后进行封土保墒，并用地膜覆盖树盘，以保湿增温，促进苗木根系活动，提高成活率。栽植时应注意：一是栽前应检查定植穴的土壤湿度。湿度适宜即可栽植，如果有条件立即灌水的，土壤稍干也可栽植。二是栽植深度。根系不能埋土过深或过浅，要求栽植后根颈与地面平或略低于地面 5 厘米。如果穴内土壤疏松，为防止栽后灌水土壤下沉过多而造成难于掌握栽植深度，应在栽前适当灌水，或用脚稍稍踏实穴内土壤。

(六)栽后当年管理技术

栽后当年管理技术主要包括:一是栽植后及时灌水,灌透水,并覆盖地膜。5 月下旬气温高时撤地膜,然后灌 1 次水。二是栽植后及时定干,防止水分蒸发。单干形整形定干高 60～70 厘米,一般剪掉苗高的 30%左右,定干时剪口下必须有 4～5 个饱满芽,尽量压低,如果苗干下部无饱满芽,定干剪口向上移。三是苗木成活后及时松土除草,增加土壤的通透性,以促进发新根和根系吸收。四是追肥灌水。如果土壤肥沃,定植当年不必追肥,如需追肥,于 7 月上中旬当新根长出后,可先追施少量氮肥,同时灌水,加速苗木生长。新梢停止生长以后,每隔 10 天叶面喷施 1 次 0.3%磷酸二氢钾溶液,促进枝芽成熟,提高抗寒性和越冬性。五是防治病虫害。榛子树幼苗病虫害较少,主要防止食叶害虫,如毛虫类,可喷药 1～2 次。六是入冬前灌封冻水 1 次,然后培土防寒。在 1 年生苗基部用湿土培实,防止透风,培土高度为 30 厘米。

第六章 榛子园管理技术

一、整形修剪技术

(一)榛树整形修剪

榛子树与其他果树一样,也需要结合自身的生长发育特点进行相应的整形修剪,形成合理的树体结构,使树势平衡,调整好生长与结果的关系,尽快扩大树冠,以达到早结果、早丰产的目的。整形的主要目的是扩大树冠,增加枝量,形成一个能负担一定产量的树体结构,为以后的结果打基础。修剪就是调节生长与结果的关系,每年通过修剪来培养足够数量健壮的结果母枝,为翌年结果打基础。对幼树,要坚持无形不行,有形不死,边整形边结果的原则。所谓无形不行是因为任何经济栽培的果树都需要有一种科学的结构和冠形,才能壮树丰产。树形与树的长势和产量密切相关。一株树长什么样,分枝怎样搭配、组合才能使树体健壮、早结果、高产优质,是有一个基本一致的标准的。所谓有形不死,是整形上的灵活性,是由于气候条件、个体发育状况和栽培要求的不同而因树做形,做到因势利导,顺其自然,合理整形。

榛子树栽培起步较晚,在修剪等栽培技术上几乎没有成形的经验可以借鉴。近几年新建的榛子园,大多数人不会修剪,在修剪上只是轻轻地打打头，甚至不剪，但每年都能获得很好的产量。因此，有人说，榛子树不需要修剪。但是经过多年轻修剪，甚至不修剪的榛子树，刚进入盛果期几年后就出现了早衰现象。

（二）榛子树修剪的基础知识

1. 整形修剪的作用

（1）形成丰产的树体结构 榛子树自然生长是灌木状，主枝多，小枝易枯死。通过整形，可以使各分枝配置科学，平衡对称，结构合理，圆满紧凑，负载量大，抗灾害能力强。

（2）调节树体长势，有效利用养分 修剪既可以使树体生长良好，又能早产、丰产，并推迟衰老过程，延长经济结果年限。通过正确地整形修剪能有效调节水分、养分的运转和生长与结果之间的转化。可以通过修剪来调整树势的强弱，把树体养分有效地利用在结果上。

2. 枝条的特性 榛子树的枝条较其他果树不同，所有各类枝条几乎都可以萌发结果枝结果，即当年萌发新梢形成的枝条，营养条件好都可以形成结果母枝，翌年结果。榛子树枝条的修剪反映在长势上同其他果树相同，即加重修剪长势强；反之，则弱。在成花上同其他果树则不同，无论怎样修剪只要有枝条就能成花。

3. 修剪方法 榛子树修剪方法主要分为：短截、疏剪、缓放，即截、疏、缓。

（1）短截（也包括回缩） 在修剪过程中剪掉1年生枝或多年生枝的一部分叫短截（通常剪1年生的叫短截，剪多年生的叫回缩）。短截1年生枝，可以促使剪口下的侧芽萌发，达到促进分枝、扩大树冠的作用。对多年生枝的短截，可以促使树势更新复壮，增强树势，延缓衰老。在榛子树的修剪中短截是非常重要的。可以说，没有短截就没有榛子树的正常生长发育。榛子树营养指标，其中最具代表性的是1年生枝的长短。1年生枝的生长状态，既标志着树势的强弱，又决定着产量的高低。榛子树1年生枝是结果的基础，它不仅与当年产量有密切关系，而且又与花芽的形成、翌年的产量有密切关系。

短截程度不同，其反应也不同。在一定范围内，短截越重，其分枝的单枝生长量越大，但短截枝的总体生长量相对减少。短截能减少枝芽总量，改善树体营养状况，有利于增强树势，但过重地短截可使树体生长总量受到影响。

①**轻短截**：即剪掉1年生或多年生枝长30%以内。轻短截主要用于结果母枝的复壮，多年生枝的扩大生长。轻短截1年生枝，留下的枝段长，侧芽数量多，养分分散，既可结果，也能够扩大树冠。轻短截修剪量小，树体总枝量损失少，是幼树扩大树冠、提早结果的重要修剪方法。

②**中短截**：即剪掉1年生或多年生枝长30%～50%以内。1年生枝条在有空间的地方，进行中短截，增加分枝数量，培养成较大的结果枝组。

③**重短截**：即剪掉1年生或多年生枝长50%～80%以内。主要是针对盛果期树轮换培养结果母枝及对衰弱主枝更新的一种修剪方法。榛子树进入盛果期主要的修剪任务就是培养结果母枝，复壮树势，这些都需要对1年生或多年生枝的重短截来完成。

④**回缩**：剪掉2年生以上枝段的一部分，即对2年生以上枝段的短截。通过回缩能起到控制树冠或主、侧枝的发展，调整角度和方位，改善光照，复壮和更新枝组，延长结果年限的作用。回缩多用于骨干枝和多年的缓放枝，使大枝和长枝短壮、加粗，增强负载能力；也有用于枝组的培养及衰老树的更新复壮。回缩修剪应当注意修剪量，一定程度的回缩有利于恢复树势，过度回缩剪掉的枝量过大，打破了树体地上地下的平衡，反而不利于树体生长。

(2)疏剪　从1年生枝或多年生枝基部剪除，叫疏剪(疏枝)。

疏剪可以调整枝的密度和分布，加大空间，改善通风透光条件，增强叶片的光合效能，平衡树势，缓和生长，使树体养分集中，促进枝的生长与充实。疏剪对局部有促进作用，疏剪能减少枝量和总叶面积，并影响母枝的加粗生长，对全树起削弱生长、减少树体总生长量的作用。疏剪有抑前促后的作用，既对疏剪伤口前部的枝起抑制生长的作用，又对伤口后部起到促进生长的作用。榛子树由于基部枝优势强，结果后上部易衰弱，在骨干枝上疏除较大的枝，易造成树势衰弱。因此，修剪结果树，对于应当疏除的大枝，应当避免从基部疏除，应当保留一段长 20 厘米以上的“营养疏通橛”。有了一段“营养疏通橛”，才能使前部枝得到更多的营养，也就是真正起到了集中营养的作用，否则，其作用相反，基部的伤口能阻碍树体养分的上行，削弱前部枝的生长。

(3)缓放　就是对枝条不剪。榛子树健壮的结果母枝、有结果能力的大型结果枝组基本上不剪，通过保留一定数量的缓放枝，才能形成产量，连续缓放几年，结果能力下降后，在进行截、疏等复壮处理，形成新的结果母枝。缓放的作用还可以缓和树势，缓放枝结果后还可以开张角度，改善光照。

榛子树结果主要靠 1 年生缓放枝的腋花芽，在修剪上保留的 1 年生枝多，当年的产量就多，甚至连续几年都能获得较高的产量。在幼树期结果主要靠缓放的结果母枝。

(三)与整形修剪有关的特性

1. 利用树体营养结果　榛子树较其他果树不同的是能够充分利用树体营养结果，无须人为的营养转化过程。其他大部分果树树体营养生长过旺，生殖生长变弱，满树长枝不结果，需要人为的营养转化，采取成花措施。而榛子树无须进行人为的营养转化，只要树体健壮，有枝就有花，就能结果，几乎没有单纯的营养枝。

榛子树修剪主要是复壮树势，使之连年结果。

2. 壮枝、壮芽结果　榛子树与其他果树不同的是花芽形成大部分都在长枝上，树势越健壮、长枝多，花芽越多。因此，榛子树修剪的目的就是要每年都能够培养出足够数量的长枝。

3. 基部枝优势　自然生长的榛子树易成灌木状，主要是基生枝、下部枝生长能力强，导致先端衰弱。因此，在修剪上要注意抬高角度，注意疏枝方法，避免因疏枝造成的抑前促后。

4. 榛子树液流动早　榛子树由于树液流动期早，修剪时期应较其他果树适当提前。果树修剪最佳时期是在春季树液流动前结束。

5. 榛子树喜光性较强　由于榛子树喜光性强，枝条密度过大易造成内膛枝枯死，结果部位外移。

6. 榛子树伤流重　在修剪时要注意大的剪锯口数量不能太多。对应该疏除的大枝要有计划分年进行。

（四）修剪需要观察和掌握的项目

1. 树的生长势　生长势强的树，可采取多缓、少截、重截等缓和树势的修剪方法；生长势弱的树则需要采取少缓放、多短截、轻短截的修剪方法。

2. 树冠体积　树冠体积的大小是产量形成的重要因素。榛子树结果年龄较早，由于早期的产量限制了树冠体积的增加，对后期的产量影响较大。因此，榛子树修剪前期扩大树冠是第一需要，在幼树期应注意多短截延长枝，迅速扩大树冠体积，为盛果期获得高产做准备。

3. 雄花数量　榛子树雄花数量多少差异较大，在修剪时应注意观察，对于雄花较少的品种，在疏剪时，应注意保留雄花；对于雄花形成量较大的品种，除正常修剪外，应注意剪掉过多的雄花，因为雄花伸长散粉的过程浪费营养较多。

4. 单位体积内留枝密度 榛子树是喜光性较强的树种，留枝密度大，易造成枝条枯死，成花差，结果部位外移，降低产量。合理的留枝密度就没有枯死枝，当年生枝芽粗壮且饱满。一般多年生骨干枝，枝轴距离应保持在 40 厘米以上。

5. 品种生长特点 品种生长势强弱决定其修剪方法、修剪强度及修剪量。对达维、84-226 等生长势强的品种，要采取缓和树势的剪法，即是轻短截，少疏枝，使长势缓和，提早结果。对 81-21、84-41 等生长势弱的品种，则要采取增强树势的剪法，对延长枝重短截，内膛弱小枝多疏枝，并抬高主枝角度，达到集中营养、增强树势的目的。

(五)榛子树修剪的几项指标

1. 定干高度 在苗木分类的基础上，根据苗木高度而定，一般剪掉苗木高度的 1/3 左右，根系好、苗木成熟度好的可适当定高些；反之，应适当矮些。

2. 短截数量 根据榛子树的生长特性是靠壮枝、壮芽结果，修剪方法主要是短截(平榛的平茬，实际上就是短截)。幼树为了扩大树冠，短截数量应适当大些，结果树短截数量适当小些。要短截徒长枝、强旺枝、超长枝。芽饱满、长短适中的健壮枝留作结果母枝。对全树 1 年生枝进行短截，结果树一般短截数量在总枝量的 30%左右，幼树在 30%～70% 。单枝剪截程度为剪掉枝条的 30%～80%。根据枝条所在位置的空间大小、枝条用途决定单枝剪截程度，空间大可以轻、中短截，促进枝条发育，促生分枝，培养大型结果枝组；空间小的，加重短截，减小枝条的生长总量。留作结果母枝的，为了集中营养，可以轻短截；为了翌年结果，培养结果母枝，就应当对部分当年生枝条进行重短截，以促发新的结果母枝。

3. 疏枝量　对于过密的徒长枝、细弱枝，要根据情况适当疏除。枝条过密影响通风透光，但疏除过多又容易打破地上与地下的平衡，影响树体生长，造成产量下降。因此，要注意疏枝量，正常情况下，疏枝量不应超过总枝量的 20%。全树的整个修剪量应控制在 30%左右。

4. 枝间距　枝间距是骨干枝枝轴之间的距离。通过修剪使骨干枝的枝间距保持在 40 厘米以上。枝间距低于 40 厘米的，对其过密或生长方向不适的骨干枝从基部疏除。

5. 开张角度　树体角度开张，有利于扩大树冠，增加结果体积。但榛子树由于基生枝优势强，角度过大，易造成前端生长势减弱，后部冒条，反而不利于树冠扩大。因此，榛子树主枝开张角度较其他果树应当适当小一些，一般以不超过 70°为宜。

（六）榛子树的主要树形及修剪技术

1. 低干多主半圆形

(1)树体结构　干高 20～40 厘米，树高 2～3 米，树冠直径 3 米左右，主枝开张角度 60°左右，主枝数量 10 个左右，主枝错落均匀排列在主干上，主枝枝头层间距在 40 厘米以上，中心干上的主枝不要轮生枝头上的延长枝，不要双生。

(2)整形过程

①定干：幼苗栽植后第一剪子的剪截，在果树修剪上叫做定干，其剪留长度叫定干高度。第一主枝着生部位的中部至地面的距离为干高。定植时同时定干，即在苗木的中上部进行短截，剪除长度一般为苗高的 30%左右。在苗木栽植前分类的前提下，使同一栽植小区保持高度一致。剪除苗木高度 30%的定干方法，可使苗木的饱满芽带全部保留下来，能使幼苗在栽植当年保持最大生

长量，当年生枝条分枝角度好，且生长势缓和，有利于提早结果。目前生产上榛子树定干普遍偏低，剪掉的苗梢较长，有的甚至超过苗高的50%，大量饱满芽被剪掉，整形带留得较短，使分枝数量减少，分枝角度变小，树体总的生长量小，不利于提早结果。

②第二年的修剪：选留中心干。要选留生长健壮的枝条，一般是剪口下的第一个枝作中心干。在饱满芽处进行短截。如剪口下第二个枝条生长强旺，出现竞争时，可用它代替中心干延长枝头或对其重短截，以消除竞争。

选留主枝。在生长当年对生长角度、方位合适的枝条，可选留作为主枝。对留作主枝的进行轻短截，一般剪掉枝长的20%左右，对角度方位不好的强旺枝进行重短截，一般剪掉枝长的80%左右，其余弱小枝缓放不动，距地面30厘米以下的枝条及基部萌蘖枝全部清除。

③第三年的修剪：先在中心干顶部的分枝中选较直立健壮的作为中心干的延长枝，在饱满芽处短截。继续选留主枝并对在其饱满芽处短截，对留作主枝的延长枝继续短截，其余枝条，对强旺的重短截，偏弱的轻短截，生长缓和健壮的缓放不动，留作结果母枝。第二年修剪中心干及主枝延长枝以外的枝条短截，总量应在50%～60%范围内。

④第四至第六年的修剪：基本上可以完成整形任务，进入初果期，从以整形为主、边整形边结果，逐步转为以结果为主、继续调整树形。但这时还没有最后完成整形任务，树冠还不够圆满。第四年主枝基本选留完毕，第五、第六年只做局部调整，继续扩大树冠。在修剪上要求继续对中心干、主枝延长枝进行短截。

⑤第七年以后的修剪：经过几年的修剪，6年生树已形成了低干多主半圆形树冠。树体大小、枝芽总量已基本达到丰产树的要求，已开始进入盛果期。此时的修剪要求就是调整树势稳健，保证有充足的结果母枝，使之连年丰产、稳产。

⑥盛果期树的修剪：一是控制树势平衡。对强旺的主枝采取少短截、重短截、多疏枝的修剪方法，以缓和生长势。减少短截数量，保留的结果母枝相对增多，用产量可以减缓主枝的生长势。加重短截程度，能够从枝的总量上减少，结果枝组的体积上减小，多疏枝能更好地缓和树势。二是保证树势健壮。榛子树和其他果树不同，需要健壮的长枝结果。枝条成花量和枝条长度成正比，枝条越长成花量越大（表6-1）。最经济的枝长是50～100厘米。因此，在修剪上通过适度短截，促成生长一定数量的长枝，可有效地提高榛子树的产量。

表6-1　榛子树枝条长度与成花数量调查表

枝条长度（厘米）	1～50	51～100	101～150	151～200
单枝条成花数量	2.19	5.64	5.48	7.25
10厘米枝条成花数量	0.86	0.80	0.49	0.44
单枝条平均长度（厘米）	25.02	70.79	112.04	164.50

2. 丛状形　丛状形树在幼树期产量较高，但进入盛果期以后，由于基部多主枝整形，内部生长空间不够，易造成内部枝条枯死，结果部位外移，产量下降。因此，丛状形整枝在生产上很少应用。但是在一些地区栽植的小苗、山地土质瘠薄生长发育差的、基部枝萌生过多的，为了提早结果，采取丛状形整形。

丛状形树体结构，通常保留均匀向四周伸展的4～5个基部枝作主枝。主枝上有侧枝，侧枝上着生结果枝组，树高3米左右，树体呈丛状球形。整形步骤如下，第一年选4～5个基部枝作主枝，进行短截，其余枝疏出。第二至第三年，对已选留的主枝及侧生枝进行轻短截。第四年即形成丛状形树冠，注意及时除去萌蘖枝。

二、土肥水管理技术

（一）土壤管理

土壤是树木生长的基础，直接关系到榛子树生长发育与结实。

1. 松土与除草（清耕法） 在榛子树生长季节内，园内不种作物，经常进行耕作，消除杂草，使土壤保持疏松和无杂草的状态。一般每年进行4～6次，最好在雨后或灌水后表土不黏时进行，国外榛子园多采用树盘压青的做法，可以保持树盘内土壤湿度、温度的稳定，同时又可防止杂草丛生和增加有机质，但是对榛果实采收不太方便。此方法适于成年榛子园。

2. 生草 在树盘外，榛子树行间播种禾本科、豆科等草种的土壤管理方法，适宜在土壤水分条件较好的榛子园采用。选择优良草种（如三叶草、草木犀等），关键时期补充肥水，割草覆盖于树下。在缺乏有机质、土层较深厚、水土易流失的园地，生草法是较好的土壤管理方法。生草法还可以提高榛子树对钾、磷的吸收。生草法长期使用，易造成与榛子树争水肥，但可以通过调节割草周期和增施矿质肥料等措施，如每年割草2～3次，每667米^{2}增施硫酸铵5～10千克，来减少上述弊病。此法适于成年榛子园。

3. 行间间作 幼树树盘内的土壤可采用清耕法或清耕覆盖法，耕作深度以不伤根系为限。但是，幼龄榛子园空地较多，因此在栽植5～6年以内的幼龄榛子园，行间可以间作矮秆作物或种绿肥，如豆类、甘薯、马铃薯、花生等。但为了避免与榛子树争水肥，间作物要与榛子树保持一定距离。如此间作，不仅可以改善微区气候，有利于幼树生长，还可提高土地利用率，增加收入。

(二)科学施肥

施肥是榛子园综合管理中的重要环节之一。为了保证树体的正常生长,必须及时施肥补充营养。施基肥一般在秋季果实采收后进行,以有机肥为主。追肥一般在5～7月份,根据生长情况追施1～2次,以三元复合肥为主。追肥应控制尿素的使用量,过量施用尿素易造成榛子树抽条。

1. 营养元素及其作用 榛子树生命中所需的营养元素,已发现的有10种左右,如氮、磷、钾、钙、镁、铁、锰、硼、锌、钼等。现将其中最主要的几种介绍如下。

(1)氮 适量的氮肥可促进营养生长,延迟衰老,提高光合效能,增进品质和提高产量。氮素是叶绿素、蛋白质等组成成分,缺氮叶色黄化,影响碳水化合物和蛋白质的形成,易造成枝叶量少,新梢细弱及落花落果。长期缺氮则导致榛子树氮素营养水平降低,表现为萌芽开花不整齐,根系不发达,植株矮小,抗逆性降低,树龄缩短。氮素过量,易引起枝叶徒长,枝条不充实,花芽分化少,严重落花落果,坚果产量、品质低下,越冬性及抗逆性降低。

(2)磷 磷能增强榛子树的生命力,促进花芽分化、果实发育和种子成熟及增进品质,还能提高根系的吸收能力,促进新根的发生和生长,增加束缚水,提高榛子树抗寒、抗旱能力。

磷素不足,酶的活性降低,碳水化合物及蛋白质的代谢受阻,影响分生组织的正常活动,延迟榛子树萌芽开花物候期,新梢和细根生长减弱,叶片小,早期落叶,花芽分化不良,影响果实品质,抗寒、抗旱能力降低。榛仁发育需较多的磷。因此,榛子树对磷素要求较多。磷素过量,会引起含氮物质失调而缺氮,叶片黄化,降低产量,影响铁、钾、锌的吸收等。因此,施磷时要注意与氮、钾等元素的比例。

(3)钾 适量钾素可促进果实膨大和成熟，促进糖的转化和运输，提高坚果品质，并可促进枝条加粗生长、组织成熟、机械组织发达，提高抗寒、抗旱、耐高温及抗病虫能力，榛仁中含有较高的钾，因此，榛子树对钾素要求较高。

钾素不足，易引起碳水化合物和氮代谢紊乱，蛋白质合成受阻，可溶性氮素增加，抗病能力降低。影响光合作用，降低同化产物。因而营养生长不良、叶小、果小、易裂果、着色差、品质差、产量低。缺钾生长受阻、新梢细、叶缘黄化向上卷曲，落叶延迟，降低抗逆性。钾素过剩，枝条不充实，耐寒性降低，而且影响对氮、镁、钙的吸收。

(4)钙 钙在榛子树体内起着平衡生理活性的作用。适量钙素，可减轻土壤中钾、钠、氢、锰、铅等离子的毒害作用。使树体正常吸收铵态氮，促进其生长发育。

缺钙影响氧的代谢和营养物质输送等，其表现为根受害，短粗、弯曲、根尖枯死；叶片变小，枝条枯死。

2. 施肥方法

(1)环状沟施肥 先选出准备施肥榛子园中有代表性的1株榛子树，用铁锹或镢头探查其根系延长的广度和深度分布，根据不伤根但也不能太远、太浅的原则挖环状沟，沟深及沟宽根据施肥量和榛子树的大小、树龄而定。挖好环状沟后，将肥料填入其中，覆土后灌适量水。

(2)辐射状沟施肥 即放射状沟施肥。以榛子树根颈为中心，由里向外呈放射状开沟。开沟的方法是里浅(10～15厘米)外深(20～30厘米)、里窄(10～15厘米)外宽(20～30厘米)。沟开好后，将肥料与土混拌均匀，回填沟内。此法肥料分布广而均匀，施基肥和追肥均可采用。但易伤根，最好用于6年生以上大树。

(3)条沟施肥 在树冠投影的外缘相对应的两侧挖平行沟，沟的长度随树龄及树冠的大小而变化。翌年施肥挖沟的位置应换到另外两侧。此法用于幼树及密植园，适于施基肥。随着树龄的增加，宽行密植榛子园一般适于行间开沟施肥，此法可进行机械化操作。

(4)穴施肥 在树冠投影的外缘挖6～8个穴，穴的多少根据树冠大小而定，穴的深、宽各为30～40厘米，穴的分布要均匀。此法施基肥和追肥均可采用。

(5)撒施肥 常用于追施化肥。一种方法是在榛子树灌丛下面撒化肥，然后用锄头松土，使化肥与表土混合均匀。另一种方法是在灌丛周围开环状浅沟，撒入化肥，然后覆土并灌水，或在降雨前追肥。撒施化肥的深浅，根据化肥种类不同而异，施用氮肥深度为10～15厘米，施用磷、钾肥的深度为30～40厘米，有机肥和化肥混合的复混肥，穴的深度为20～30厘米。

(6)灌溉式施肥 此法多与喷灌或滴灌相结合，供肥及时，肥料分布均匀，既不伤根系，又节省劳力，肥料利用率高。适宜树冠相接的成年榛子园或密植榛子园。

3. 施肥要点

(1)施肥时期

①基肥：于9～10月份施肥。基肥应以各种发酵好的农家肥为基础，同时加入适量的三元复合肥。

②追肥：对于结果树来说，每年追肥2次，第一次于5月下旬至6月上旬，第二次于7月中下旬。追肥一般施入三元复合肥。

(2)肥料种类 不同树龄的榛子树对氮、磷、钾等元素的需要量不同，有机肥适用于各种树龄的榛子树，但必须充分腐熟，否则容易滋生害虫，烧树根。

榛子树在不同树龄，对氮、磷、钾等主要营养元素的需要量也不同。定植当年7月末及定植后翌年，最好施用含氮量高的复合肥，有利于树体尽快增高壮大。定植第三年后，考虑到榛子树结果需要大量的磷和钾，加上考虑果实的口味，最好施用磷、钾含量高的复合肥。当然，大量使用有机肥对榛子的生长结实及口味都有好处。

(3)施肥量 施肥量分为施基肥量和追肥量。每种施肥都与树龄有关，也受气候、土壤等情况的影响。因此，以下施肥量仅供参考。

①秋施基肥量(农家肥)：2～3年生树，7～10千克/株；4～5年生树，30～40千克/株；6～7年生树，50～60千克/株，以后随着产量和树龄的增加而增加。注意三元复合肥掺入量酌情而定。

②追肥量(复合肥)：每年追肥2次(5月中旬1次，7月中旬1次)。以下是每次的追肥量，1年生树每次50克/株，2年生树每次75克/株；3～4年生树每次200克/株，5年生树每次500克/株。

4. 施肥的注意事项 一是掌握好距离，不要施肥太近，伤根损树。二是掌握好量，不要施肥过多，使树体营养供需不平衡，重者烧根死树，病虫害发生严重。轻者影响营养生长和生殖生长平衡，只长树，不结果或少结果。三是掌握好时间，要依据果树需肥时间施肥，不要根据劳动力忙闲确定施肥时间，结果造成"树需肥时无空施，人闲施肥树不需"。四是掌握好肥料种类，不要随意用化肥代替基肥。若连年如此，就会造成榛子园肥力下降，树势衰弱，产量降低，果实品质变劣。

(三)灌水与排水

榛子树是浅根性树种，其根系主要分布在5～40厘米的表土中，不耐干旱，适时灌水是促进树体发育和结实的重要保证。

1. 灌水时期 新定植的苗木，必须及时灌水。用压条繁殖苗木定植的榛子园，在生长前期要经常保持土壤湿润。

栽培园的灌水可结合施肥进行，一般在生长前期灌水2次，第一次于发芽前后，第二次于5月中下旬，即幼果膨大和新梢生长旺盛期，此时也是北方地区春旱季节，第二次灌水是保证当年产量的关键。6 月中下旬以后自然降水增加，一般不需要灌水。7 月进入雨季后要注意排水，树盘内不能积水。落叶后至土壤封冻前，可再灌 1 次封冻水。

2. 灌水方法与灌水量　主要采用树盘内灌水法，浸湿榛子树下土壤。带状栽植的榛子园，采用带状浸灌法。灌水浸湿土壤的深度为 40 厘米。灌水后要及时松土，防止土壤板结。

三、花果调控技术

（一）落花落果原因

无论平欧杂种榛子还是欧洲榛都有落花落果现象。

1. 落花　结果枝伸长后，其顶端露出的小苞叶（花序）脱落，即称落花。落花原因是雌花序没有授粉，或只授粉而没有受精，导致子房不能膨大而脱落。

2. 落果　落果集中在 2 个时期。第一次在 6 月中旬，正值新梢旺盛生长期和坚果迅速膨大期，此期都需要大量的水分和营养物质，此时如遇干旱或营养不足势必引起落果。同时，由于卷叶虫钻入木质化的果实基部危害幼果，也会引起幼果枯萎而脱落。第二次是 7 月下旬至 8 月上旬，称为生理落果，此时为果仁迅速发育期，如结实多、营养不足都容易引起落果。

（二）防止落花落果及果实空粒、瘪仁的措施

在榛子树花期连遇不良天气，可采用人工授粉。榛子树雄花

开放早于雌花，在雄花序伸长后尚未散粉时把花穗摘下，放在干净有阳光的室内，摊在白纸上阴干，待花粉散出时，收集于瓶中，在0℃～5℃条件下保存备用。当雌花柱头全部伸出时，选择阳光充足的天气进行人工授粉（用毛笔点授或加填充剂后喷粉）。加强榛林管理，在果实膨大期和种仁发育期进行根部追肥或叶面喷肥，提高树体营养水平。

榛果有时出现空粒或瘪仁现象，主要是由于授粉受精不良和树体营养不够引起的。所以，创造良好的授粉受精条件、加强肥水管理、合理密植、及时防治病虫害、提高树体营养储备，都可以有效防止榛果空粒或瘪仁。

第七章 野生平榛林的垦复技术

一、清　场

主要是清除杂树。清场在坡度较大的地段要注意保留草皮植被及部分乔木，高大乔木等杂树要一次性清除到位。

野生榛林的垦复是榛林从野生状态向半野生状态的过渡方式，是其他果树所没有的特殊农业技术措施。野生榛林主要是平榛，常与栎类、桦树、赤阳、胡枝子及其他乔灌木混生，各种杂草也很多。清理林地是为了改善榛林的生长环境。因此，在园地规划之后，先要清理林地，即伐除榛子树以外的树木，割除高大的杂草，刨除树根，使林地成为以榛子树为主的榛林，但要保留地面覆盖物——草皮及部分乔木。此项作业可在秋季或春季进行。其次是调整密度，野生榛林为自然根蘖繁殖和天然下种自然生成的，其疏密度很不一致。因此，林地清理之后，要调整榛林的疏密度，使其达到密度适宜均匀、便于管理、提高单位面积产量和果品质量的目的。

调整密度包括 2 方面内容，即超过适宜密度的株丛要疏伐，对空缺地或株丛稀疏的榛林地要补植。

清场保留部分乔木非常重要。野生榛林属于灌木，在自然条件下，与其他乔木、杂草等共生。由于自然生态的平衡，在没有人为防治的情况下，病虫害并不严重。现在人工纯榛林的大面积垦复，打破了原有的自然生态的平衡，造成了一些新的病虫害发生，却没有相应的防治技术。我国榛子树人工栽培时间较短，只有几十年，科学研究部门从事榛子树栽培技术的研究只有十几年，很多领域可以说刚刚开始，技术空白点较多。因此，在辽宁东部山区垦复的一些纯榛林病虫害发生较重，一些园段每年都要喷十几次农药，并且大部分都是用禁用的剧毒农药。

平榛林垦复需保留的部分乔木，可以保留小区边缘及道路两侧的乔木。面积数量可控制在10%左右。

二、园段规划与设计

野生榛林垦复园段规划，是在原有榛林的基础上进行分区、修路、建作业场等，以便日后的管理。具体有以下几项工作。

（一）划分小区

小区面积根据地形地貌而定，一般以6 670～13 340米^{2}为1个小区，小区过大会给榛子园管理带来一定的困难，劳动生产效率不高。同一小区栽2～3个品种。

（二）道路系统

果园的道路系统是由主路、干路、支路组成。道路的宽度应根据果园大小和地势需要而定，既要通行方便，又要节省土地。一般主路宽5～6米，干路宽3～4米，支路宽2～3米。

（三）排灌系统

1. 排水系统　野生榛林垦复园大部分都在山区，而且都有一定的坡度，地表加以人工修整以后，在雨季易造成水土流失，个别地势低洼地方易积水（榛子树不耐涝，积水易造成死亡）。因此，野生榛林垦复园的排水系统非常关键。

2. 灌水系统　应充分利用当地水源，如河流、小溪、地下水、修小水库、筑塘坝、打井等，引水入园。根据园地面积大小和需水量，在园内制高处修建贮水池。山地园的渠道与平地不同，它可以结合水土保持系统，沿等高线按一定比降挖成明沟，可排灌兼用。

（四）建筑物

面积较大的榛林，应当规划作业场地及库房等。

（五）乔木林

对小区边缘及道路两边的乔木进行适当修整，乔木林面积一般控制在总面积的10%左右，小区内的乔木、杂树要清理干净。

三、调整补植

自然生长的榛子园整齐度较差，为了提高产量需要进行补植。在园内一些稀疏或光秃的地块，结合小区规划，划分为作业道等进行调整。调整补植主要有以下几种方法。

(一)移　植

利用规划、打开空间的多余植株进行移栽补植。移栽的植株应带土坨,具较多根系。植前挖坑松土,植后灌足水,以确保成活。

(二)平榛播种

对稀疏或较大面积缺株处,还可在秋季进行种子直播。

1. 直播平榛　方法是将充分形态成熟的榛子浸泡于冷水中48小时,翻土深20厘米,一般每穴直播3～5粒种子,覆土厚5厘米,踩实,适量灌水并投放少量的鼠药,最后用树叶覆盖。

2. 平榛苗培育

(1)种子处理　平榛种子需经过沙藏处理才能发芽。可在种子采收后,在室外挖沟沙藏,直至翌年春播种。

具体方法是选择地势稍高、较干燥、无鼠害的地方,挖深70～80厘米、宽80～100厘米的沟。如果种子少,也可用木箱沙藏。取干净的细河沙,过筛(2～2.5毫米孔径细筛)后用水拌湿。沙子的湿度以手握沙成团而不滴水为宜,其含水量为7%～8%。用沙量以体积计算,1份种子与5～6份湿沙混合均匀。沙藏时,先在沟底或箱底铺一层厚3～5厘米的沙子,然后将混拌沙子的种子撒入沟(或箱)内,厚度不超过50厘米,最上层再撒一层厚3～5厘米的湿沙,最后埋土或盖上草苫。如果用木箱沙藏,则应将其放在等同深度的地沟里或普通的菜窖里。

(2)播种前准备

①整地:播种地宜选择地势平坦、土层深厚、肥沃、排水良好的沙壤土。播种地应在前一年秋季深翻,深度为20～30厘米,以便疏松熟化土壤,消灭土壤中的虫卵和提高土壤保水能力。如果

秋季来不及深翻，则应在早春结合施基肥尽早进行翻地，一般每667米^{2}施粪肥3 000～4 000千克。然后做垄，垄宽60厘米，将垄面镇压。为防止地下害虫危害，在播种开沟后，将5%氯丹粉撒入沟内（每667米^{2}施药3～4千克），以防治地下害虫，然后盖上一层土，再行播种。如果墒情不好，应在播种前3～5天灌1次水。

②种子催芽：播种前需进行种子催芽。具体方法是先除掉沙藏沟上的覆土或草苫，翻动沙藏的种子，每日进行1次，使上下温、湿度均匀，并根据沙子的干湿程度适量喷水。随着春季气温的回升，沙藏沟的温度也逐渐升温，从而促进种子开始发芽，当有25%～30%的种子发芽时即可播种，以种子的胚根从种皮裂口处刚刚伸出时播种最适宜。如果胚根伸长2厘米以上时播种，则根尖极易被碰断，而且种子顶土能力差，不利于出苗和苗期生长，如果已临近播种期，而沙藏种子尚未发芽时，应及时将其移入温暖的房间或温室内催芽，室内温度应保持在20℃～25℃，每天翻动种子2次，并保持一定的湿度，直至有25%～30%的种子发芽时即可播种。

③播种：以春播为宜，辽宁中部地区一般在4月中下旬进行。播种方法是垄作的行距为60厘米、株距为6～8厘米；畦作的行距为20厘米、株距为5～6厘米。播种时，先在已压好的垄面上开沟，沟深5～6厘米，将过筛后的沙藏种子均匀地撒在沟底，然后覆土厚2～3厘米，如果墒情稍差，则覆土厚3～4厘米。播种密度则根据播种的株、行距及种子发芽的情况而定，如果发芽率达到50%，则沟内每3～4厘米内应有1粒种子。为了保证苗全，播种可稍密些，如果种子已大部分发芽，则可挑选出发芽种子，在播种沟内点播，覆土后应稍加镇压。在干旱地区，播种时要开沟灌底水。

④苗期管理：播种后一般不需灌水，15天后即可出苗；此时，如遇土壤干旱，需灌足水1次，幼苗生长迅速。此后应注意保持土

壤疏松无杂草。干旱时及时灌水，雨季做好排水。6 月中旬，待苗高约 10 厘米时，追施速效氮肥 1 次，每 667 米^2 施尿素 15～20 千克，施后灌水。苗期要注意防治病虫害，对食叶性害虫，可喷 90% 敌百虫乳剂 800～1 000 倍液毒杀。防治白粉病，可以从幼苗长至 4 片叶时开始用 15%三唑酮乳油 1 500～2 000 倍液喷雾。当年苗高可达 30～60 厘米。秋季枯叶时即可出圃。

出圃平榛苗翌年春即可按所需株行距栽植。

四、更新复壮

平榛地上萌生枝的年龄达 5～6 年时，生长开始明显衰弱，结实力降低，需要及时更新复壮，更新的方法一般采用平茬更新，即将株丛的主枝从基部割掉。平茬可促进榛子树的萌发生长，有利于结实，起到更新复壮的作用。

（一）更新年龄

应根据以果为主、果柴兼用的原则，要看榛林长势，结实具体情况来决定。在土质肥沃、榛子树生长茂盛、结实力强的林地平茬间隔期要长一些。在土层薄、土质瘠薄的林地，榛子树生长弱，平茬间隔期宜短。一般平榛 4～6 年平茬更新 1 次，可分别在萌生枝第四年的冬季或第五至第六年的春季进行。

（二）更新时期

根据辽宁山区群众的经验，有平冷茬和平热茬之分。所谓平冷茬，即在冬季或早春未化冻前进行。平热茬又叫割秋板，在秋季果实采收后、叶片未枯黄之前进行。此时割掉地上部分,一方面减少了叶片光合作用制造有机养分,同时也减少了根系营养物质的积累。连年平热茬会使根部处于饥饿状态,加速根部衰老。另外,连年平茬的枝叶全部运出林地,不利于榛林地覆叶层及土壤腐殖质的增加,地力减退。因此,会造成萌生植株营养不足而树势衰弱,使榛林没有产量,应尽量不用这种平茬方式。平冷茬的季节在冬季或早春,树液已停止流动,营养物质已输送至根部,翌年萌生枝长势壮以后结实多,应采用这种平茬方法。

(三)更新方式

应考虑每年榛子园有一定产量及劳动力的调配和便于管理等因素。因此,分区平茬是一个较好的方式。即将大片榛林分成若干小区,或以自然沟坡为单位,一沟、一坡为 1 个小区,同一个小区的榛子树应在同 1 年平茬。已建垦复园的榛林,应以生产小区为单位平茬。先确定平茬间隔期,然后根据间隔期确定区组。例如,平茬间隔为 5 年,把榛林地划分为若干区组,每小区组包括 5 个小区,在一个小区组里,每年平茬一个小区,逐年轮换,直至第五年,所有小区都已平过茬为止。然后再从头轮换平茬。这样,既可保证每年有一定产量及烧柴的均衡,又可调剂劳动力及便于管理。

(四)更新方法

用镰刀、枝剪或割灌丛机割除灌丛,茬口尽量低,一般离地面不超过 10 厘米为宜。茬口过高不利于新生萌生枝的生长。

以前辽宁山区群众有火烧更新的习惯,即点火将榛子树地上部分烧毁,使其再新发生萌枝,火烧后,可以使土壤矿物质增加,病虫害减少,有利于萌生枝的生长与结实;但是榛林多生长于次生林的边缘，火烧更新易引起山火。另外在农村烧柴困难的情况下，不宜采用这种更新方法。

（五）除　萌

除萌是将榛地林内不利用的萌生枝除掉，以调节疏密度，保持林地通风透光，减少水分和营养物质的消耗，促进灌丛主枝的生长，有利于花芽形成和坚果的发育，是榛林管理不可缺少的工序。除萌要除带间、丛间的萌生枝，以保持正常的空间；同时，也要除掉带内、丛内不必要的萌生枝，以减少水分和养分的消耗。除萌每年进行 2～3 次，第一次在 4 月中下旬至 5 月上中旬，主要是清理上年生长后期发出的萌生枝及除掉刚萌发的嫩枝。以后每次可结合割草进行。除萌剪口要低，要齐地面剪除。

五、野生榛子栽培新方式

自然生长的野生榛林原始的平茬方式，在平茬当年没有产量，即使在结果年，由于密度大又是平面结果，因此单位面积产量较低，一般不到 10 千克。而采取新的栽培方式，即带状、丛状或单株栽培，结果方式由平面结果变为立体结果，产量可大幅度提高，一般可达到 50～100 千克，主要有以下几种方式。

（一）轮换平茬方式

具体方法是每年芽萌动前，对榛林每 3～4 米宽平茬（疏伐）1 米宽，以后依次轮伐，3～4 年一个循环，即 3～4 年一更新。自然条件好、长势强、密度小的可采取 4～5 年轮换平茬的方式，具体方法是每 4～5 米宽平茬 1 米宽，以后依次轮伐，4～5 年一个循环，即 4～5 年一更新。

（二）带状栽培方式

带间距 1.5 米，带内 2 米。带间距内的植株全部清除，带内每平方米留 10～20 株，按单株进行不同长度的短截修剪。

（三）丛状栽培方式

先确定株、行距，一般要求行距 2～3 米，株距（每丛之间的距离）1～2 米。每丛留 3～5 株，后期根据需要，确定保留数量多少。具体做法是，在栽植带内按一定直线距离保留 3～5 株，并在一定高度内剪截，即定干。

（四）单株栽培方式

全部留单株，前期株、行距可以小一些，为 0.2 米×0.4 米，以后根据情况再隔株去株，隔行去行。最后，保持株、行距在 1～2 米×2～4 米。

六、土壤管理

平榛林地的土壤管理与乔木树林不同，这是由平榛的灌木特性所决定的。榛林根系分布浅，地表以下 3 厘米处便有根系分布，根群呈网状交错水平伸展。平茬多年的榛林地，地表下 1～30 厘米表土层中根系密如织网。因此，林地内不能像乔木树种那样松土和刨树盘。一旦榛子树根系遭到破坏及露出地面，则易引起植株失水，以至死亡。其主要管理如下。

（一）割　草

割草是为了控制杂草，减少与榛子树争夺水分和营养物质，坡度在 5°以下缓坡地，要将大草拔除，保留小草，在坡度陡的地方（10°以上），只割除大草，留茬 10～15 厘米，保留小草。目的是防止雨后地表径流冲刷土壤。割草每年可进行 2～4 次，要加强前期割草，防止后期生长过高，一般可在 5 月中下旬、6 月上中旬、7 月上中旬进行。

（二）带间整地

在带间整地或丛状疏伐的带间或丛间的空隙地带进行整地。其方法是深刨 15～20 厘米，宽度同带间或丛间宽度一致，刨后将根状茎及草根捡出林地，这样做可以使土壤疏松，有利于蓄积水分，促进带内新根系的生长。同时，也控制了带间或丛间生长萌蘖，便于管理。带间整地一般 3～4 年进行 1 次，也可结合平茬进行，即每平茬 1 次，同时做带间整地。

第八章 病虫害及其他灾害防治

一、病害防治

（一）榛叶白粉病（榛子白粉病、白粉病）

1. 危害特点 此病在东北地区的榛子树多有发生。主要危害叶片，也可侵染枝梢、幼芽和果苞。叶片发病初期，叶面上下先出现不明显的黄斑，不久黄斑处长出白粉，以后许多黄斑连成片。病斑背面褪绿，致使叶片变黄，扭曲变形，枯焦，早期落叶，嫩芽受危害严重时则不能展叶。枝梢受害时，病斑处也生出白粉，皮层粗糙龟裂、枝条木质化延迟，生长衰弱，易受冻害。果苞受害时，其上也生白粉，变黄扭曲。8 月份在白粉层上散生初为黄褐色然后变为黑褐色的小颗粒（即闭囊壳）。

榛子白粉病是真菌性病害。病菌在叶片、芽和新梢病部越冬，翌年春季产生孢子散发出来，借助风力传播至榛子树上引起初侵染。生成白粉后，能多次传播侵染。榛子树染病时，往往由中心病株丛开始向四周蔓延，如发病条件适宜，则传播速度快。辽宁南部于 6 月份发病最重，辽北地区多发生在 7 月间。在植株过密、通风不良、土壤黏重、低洼潮湿的条件下，均有利于该病的发生。

2. 防治方法 发现榛子白粉病株丛，应及时清除病枝、病叶。

如果是中心病株，则要将其全部砍掉，以减少病原。对于过密的株丛可适当地疏枝间伐，以改善通风透光条件，增强树体抗病能力。

药剂防治，于5月上旬至6月上旬，喷15%三唑酮可湿性粉剂1 000倍液，或50%甲基硫菌灵可湿性粉剂800～1 000倍液，或50%多菌灵可湿性粉剂600～1 000倍液均可。7～8月份如果雨量偏大，可再防治1次，以免发生药害。

（二）果柄枯萎病

1. 危害特点　该病是近些年在榛子树上发现的一种病害，在国内外尚未见报道，在成熟前果柄及果苞上附着大量的黑色霉状物，常造成榛子果苞大量脱落，严重影响产量。

2. 防治方法　于7月上旬，树体喷布80%代森锰锌可湿性粉剂600倍液，或40%氟硅唑乳油1 000倍液。

二、虫害防治

（一）榛实象鼻虫（榛实象甲、榛实象）

1. 危害特点　以成虫取食嫩芽、嫩枝，使嫩叶呈针孔状、嫩芽残缺不全、嫩枝折断，影响新梢生长发育。成虫还以细长头管刺入幼果，蛀食幼果内的幼胚，果内形成棕褐色干缩状、幼胚停止发育，果实早期脱落。幼虫蛀入果实，将榛仁的一部分或全部吃掉，而且在果内排粪，形成虫果。

2. 生活习性　该害虫在辽宁榛区2年发生1代，少数3年发生1代。2年1代经历3个年度：以老熟幼虫及成虫在土中越冬，越冬成虫于翌年 5 月上旬出土，开始在枯枝落叶层下活动，5 月中旬成虫上树活动并开始取食嫩叶，5 月下旬成虫进入盛期。6 月中下旬为榛子幼果发育期，成虫开始交尾，6 月下旬开始产卵于幼果内，7 月上中旬为产卵盛期，卵期 10～14 天，于 7 月上旬在榛果内孵化成幼虫。7 月中下旬为孵化盛期。幼虫在果内取食近 1 个月，则发育成老熟幼虫。8 月上旬，当榛果实日趋成熟时，老熟幼虫随果附到地面，脱果后钻入土中 20～30 厘米处做土室准备越冬，8 月中下旬为入土盛期。第三年，7 月上旬开始化蛹，7 月下旬进入化蛹盛期，蛹期 15 天左右。7 月中旬出现越冬代成虫，8 月上中旬羽化盛期，新羽化的成虫当年不出土，即转入越冬状态。

3. 防治方法　榛实象鼻虫发生面广，生活史长而复杂，世代重叠交替发生。因此，单纯使用化学药剂不能得到理想的效果，必须采取综合防治。

(1) 药剂防治　在成虫产卵前的补充营养期及产卵初期，即 5 月中旬至 7 月上旬，用 50%辛硫磷乳油 1 000～1 500 倍液，或 40%马拉硫磷乳油 1 000 倍液，或 20%卡死克乳油 1 000～1 500 倍液，对榛子园进行全面处理，共喷布 2～3 次，间隔时间 15 天。或用苏云金杆菌可湿性粉剂 500～1 000 倍液和 50%氯丹乳剂，以 1∶4的比例混合用 400 倍液喷洒，毒杀成虫。于幼虫脱果前及虫果脱落期，即 7 月下旬至 8 月中旬，在地面上撒 4%敌·马（敌百虫、马拉硫磷合剂，又叫敌马合剂、敌抗合剂）粉剂毒杀脱果幼虫，每 667 米^2 用药量为 1.5～2 千克。

(2) 人工防治　即在全面集中采收果实时，集中消灭脱果幼虫。具体方法是在幼虫未脱果前采摘坚果，然后集中堆放在干净的水泥地面或木板上，幼虫脱果后集中消灭。对于虫果特别严重、产量低已无采收食用价值的，可提前于 8 月上旬至 8 月下旬采果后，集中消灭。

(二)榛黄达瘿蚊

1. 危害特点 属双翅目,长角亚目,瘿蚊科,达瘿蚊属,是近年来新发现危害榛子树的重要害虫,国内属新记录种。此虫分布于辽宁、吉林、黑龙江、内蒙古、河北、山东等地。以幼虫危害榛子树的幼果、嫩叶、新梢。被害幼果的果苞皱缩、脱落,被害嫩叶受到刺激后叶片背部出现隆起的虫瘿。2005—2008 年,在辽宁省铁岭市榛林年发生面积达到 1 300 公顷左右,被害株率高达 98%,榛果被害率达到 26%~87%,造成榛子产量大幅度下降,经济损失严重。笔者自 2006 年 4 月开始,研究了该虫在铁岭地区的生物学特性和防治方法。

2. 生活习性 该虫在辽宁榛区 1 年发生 1 代,以老熟幼虫结茧在枯枝落叶层下 10 厘米以上的表土中越冬。翌年榛子树芽萌动时开始化蛹,蛹期 13~15 天。在铁岭地区 4 月下旬出现成虫,5 月中旬为成虫羽化盛期,6 月中旬成虫羽化终了。5 月中旬幼虫开始孵化,5 月下旬至 6 月上旬是幼虫危害盛期,6 月中旬幼虫开始自虫瘿内脱落、结茧,夏眠后越冬。

3. 防治方法

(1)人工防治 强化榛子园管理,对发生虫害严重的地块,在幼虫期 5 月中旬至 6 月中旬人工摘除虫瘿,集中消灭或深埋。

(2)药剂防治 根据榛黄达瘿蚊生活习性和危害规律,结合药剂杀虫原理,在成虫期和幼虫期进行适时防治。

①烟熏防治:在榛子园燃烧烟剂,熏杀成虫,将烟剂装于 30 厘米×30 厘米的塑料袋中。傍晚时,按 5~6 包/667 米^2,以对角线 5 点取样方式置于树下,剪去塑料袋一角,点火熏杀,同时倒入适量的 20%氯氟氰菊酯乳油。每隔 5~7 天熏杀 1 次,连续 3 次。

②喷雾防治:选用不同药剂进行树体喷雾防治,在 4 月末至 5

月初成虫羽化至产卵期，可选用1.2%苦·烟乳油1 000～2 000倍液和25%灭幼脲3号悬浮剂1 000～2 000倍液喷进行树体喷雾防治。在5月中旬至6月中旬幼龄幼虫危害盛期，使用10%吡虫啉可湿性粉剂5 000倍液，或48%毒死蜱乳油1 000～2 000倍液，或50%辛硫磷乳油1 000～1 500倍液防治效果较好。

③生物防治：应加强保护和利用蜘蛛、瓢虫、草蛉等天敌，以控制瘿蚊的种群数量。特别是天敌数量较大时，尽量使用1.2%苦·烟乳油等生物药剂，以保护天敌。

（三）金龟子类害虫

金龟子类危害榛子树的主要是苹毛丽金龟子、东方金龟子、铜绿金龟子等。

1. 危害特点　上述金龟子类主要危害榛子树的叶片，其成虫可将叶片的局部或全部吃掉。

2. 生活习性　上述金龟子类均为1年发生1代，以成虫或老熟幼虫于土中越冬，只是其出土时期、危害盛期略有差异。苹毛丽金龟子和东方金龟子的成虫均在4月中旬出土，4月下旬至5月上旬为出土高峰期，成虫危害榛子树叶。一般多为白天危害，日落则钻入土中或树下过夜。当气温升高时，成虫活动最多，这种情况下则傍晚也出来危害。金龟子类成虫均有假死习性。铜绿金龟子除上述习性外，还具有较强的趋光性。喜欢在豆科植物的地里产卵，成虫危害盛期在7月上旬。

3. 防治方法

（1）人工捕杀　在成虫大量发生期，利用其假死习性予以捕杀。即在早晨或傍晚时人工振动树枝、枝干，把落到地上的成虫集中起来，进行人工捕杀。或先在树下撒布30%甲胺磷粉，然后振动树枝，使其落地触药毒杀。

(2)诱杀 成虫(铜绿金龟子)大发生时,利用其趋光性,架设黑光灯诱杀成虫。

(3)药剂防治 成虫于春季出土危害榛子树,喷洒酸性砒酸铅可湿性粉剂200倍液,并加黏着剂进行防治。大发生时可喷洒50%久效磷乳油500倍液,或50%乐果乳油500倍液,或40%乐果乳油800～1 000倍液防治。

(四)介壳虫类害虫

介壳虫、褐盔蜡介壳虫、水木坚蚧等危害榛子树。尤以梨圆蚧为最,称之为世界危险性害虫,为主要的检疫对象,在我国东北、华北、华东地区均有发生。

1. 危害特点 梨圆蚧主要危害苹果树、梨树,还危害榛、核桃等100多种植物,它常以成虫、若虫寄生于主枝干、嫩枝、叶片及果实表面,吸取养分,枝条受害后易衰弱枯死。

2. 生活习性 该虫在辽宁、河北、山东等省均为1年发生3代,以二龄若虫和少量雌成虫附着在枝条上越冬。根据在辽宁兴城观察,以雌成虫越冬的于5月份产仔,以若虫越冬的于6月份产仔(初龄若虫从雌介壳虫爬出)。由于越冬态不一致,所以产仔期间很长,甚至世代重叠。一般第二代若虫发生在7～9月份,第三代发生在7～11月份。每个梨圆蚧可产仔70～100头,以第二代繁殖为最强。若虫在介壳内栖息一定时期后爬出,在枝条上将口器插入寄主组织内吸收养分,并分泌介壳。经10～12天第一次蜕皮,3次蜕皮以后,雄虫化蛹,然后羽化,雌虫即变成成虫,继而交尾繁殖造成新的危害。梨圆蚧的天敌是红点唇瓢虫。

3. 防治方法 鉴于梨圆蚧发生期长,世代重叠,所以必须采取综合防治的方法。

(1)越冬期防治 如果发生量少可用人工刷擦被危害枝干上

的越冬虫或雌虫。如果发生普遍而且分期，则应在早春(北方于4月上旬)于越冬虫危害前，先刮除老树皮及翘皮，使缝隙中的虫体暴露，然后喷5波美度石硫合剂，或90%柴油乳剂50倍液。此期防治非常重要。

(2)生长期防治　在越冬代雄虫和雌虫产仔时期集中，是生长期防治的有利时机，可喷0.3波美度石硫合剂，或40%乐果乳油或50%敌敌畏乳油1 500倍液。

(3)保护天敌　生长期榛子园应尽量避免用残效期长的广谱性杀虫剂，以利于天敌——红点唇瓢虫发生。

(4)加强植物检疫　在该害虫发生地育苗时，对所用外地调运苗木、接穗，要加强检查，以防随苗木传播蔓延。

(五)木蠹蛾

1. 危害特点　主要以幼虫危害欧洲榛树的枝条、枝干，受害后的枝条变黄枯死，易折断。

2. 生活习性　每年发生1代，幼虫在枝条内越冬，翌年转移至新梢基部蛀入，先在皮层与木质部之间围绕枝条咬一环，然后沿髓部向上蛀食纵向蛀道，每隔一定距离则向外开一排粪孔。受害枝梢易枯萎，幼虫则多次转移危害。5～6月份幼虫成熟，在蛀道内吐丝连缀碎屑，堵塞两端，并向外咬一羽化孔，成虫羽化后产卵于嫩枝上、芽腋处或叶面上，单粒或散粒聚集在一起，孵化后蛀入新梢内危害，使新梢容易枯死。

3. 防治方法　一是及时剪除被害枝梢。二是于成虫产卵期，用50%对硫磷乳剂500倍液喷洒枝干，杀灭孵化幼虫。三是5～10月份用40%乐果乳油25～50倍液灌注蛀孔，用黄泥封闭毒杀幼虫。或用80%敌敌畏乳油10～20倍液，蘸棉花球堵塞蛀孔，熏杀幼虫。四是树枝涂白，防止产卵。

三、利用生态调控及生物防治病虫害

（一）生态调控

生态调控也称生态控制，是害虫防治的一个新策略。即在农田或榛子园生态系统的整体水平上，以生态学的原理为指导，充分利用作物、有害生物（病、虫、草、鼠）和有益生物（天敌和拮抗菌）之间的相互依存、相互制约关系，采取生态学的手段，创造有利于天敌或有益微生物增殖和不利于害虫或病原微生物生存的环境条件，尽可能地发挥有益生物的自然控制作用，将有害生物控制在经济危害水平以下，从而优化农田或榛子园生态系统的结构和功能。在生态控制中，特别重视作物自身抗性、农业防治和生物防治等调控技术的灵活运用。

1. 破坏病虫最适生态环境　许多病虫害发生危害重，除与本身的生物学特性有关外，环境条件的诱导或适合也是重要的原因。因此，通过控制病虫的环境条件和破坏其适应的环境，以降低害虫的虫源基数或病菌的侵染来源，同样可以达到控制病虫害的目的，从而减少化学药剂的使用。许多病原微生物或害虫的危害与越冬场所隐蔽有关，如红蜘蛛的卵在1～3年生枝条上的芽及枝条粗皮缝处、分杈处越冬；象鼻虫则以老熟幼虫在土层内越冬等，这些隐蔽的生活环境，为害虫和病原物提供了安全的避难场所。若防治不利，很容易成为新的虫源和侵染来源。榛子园如果管理不善，园内或树冠内通风透光条件差，常引起白粉病、果柄枯萎病等病害的发生，所以必须通过一些栽培技术，辅以必要的人工防治措施，才能更有效地控制病虫危害。

2. 创造天敌和拮抗菌最适宜的生态环境　天敌和拮抗菌是榛子园生态系统中的有益生物群落，是榛子树害虫和病原微生物的重要自然控制因素。因此，通过许多栽培管理及人工措施，以强化这些自然控制因素，来控制有害生物，不但可节省防治成本，而且减少了有毒化学物质的使用，提高了果实的质量。

(1)创造天敌的最适生态环境

①保护天敌：许多天敌由于耐寒性差，在严冬或春季寒流来临时，死亡率较高。因此，为了保证翌年有较高的天敌虫源基数，需要采取一些直接保护措施。

第一，山区榛子园，有许多取食蚜虫的瓢虫，常在山洞、山缝裂隙等处越冬，冬季来临时，死亡率较高。因此，可人工收集起来，置于暖处或地窖内安全越冬，待翌年春暖后释放于榛子园中。

第二，在秋末天敌发生量大的榛子园，可在树干基部绑草绳、草把或布条，吸引树上的许多天敌（如捕食螨、食螨瓢虫、蜘蛛等）于其中安全越冬。待翌年天气转暖后解开放走其中的天敌，并消灭其中的害虫。

第三，秋末可在榛子园挖坑堆草，供蜘蛛、步甲等天敌栖息越冬。

第四，榛子园刮树皮防治枝干病害，应改冬季刮为春季开花前刮。此时，在树干皮下、裂缝中越冬的天敌已出蛰活动或羽化。如果在早春刮树皮时，仍要注意保护天敌，可将刮下的树皮收集起来，置于保护器具中，待天气转暖后放出天敌，然后将树皮烧毁。

②增加榛子园生态系统中的植被多样化：植被的多样化，一方面增加了天敌的饲料，从而增加了天敌的种类和数量，另一方面为天敌提供了必要的生存环境。如榛子园内生草或间作花生、油菜等作物，不仅改善了生态环境，也为天敌种群提供了良好的栖息条件和充足猎物，促进天敌群落的早期发展。在4～6月份可使树上天敌总量增加60%，地面捕食性天敌增加20倍以上，不仅使蚜

虫、害螨的高峰期推迟，也使高峰值分别降低39%和1倍以上，使前中期害虫得到很好控制。另外，榛子园内还可以种植蜜源植物如油菜，可为食蚜蝇、寄生蝇和一些寄生蜂提供花蜜和花粉，有利于卵巢发育并提高产卵量和寄生率，若在榛子园周围保留一些杂草，也可以招引来一些天敌；并为它们提供隐藏场所。

③合理使用化学药剂：一般情况下，榛子园内天敌数量因大量使用广谱性杀虫剂而急剧下降，使已经建立起来的自然控制因素遭到严重的破坏，因此用药时要避开天敌高发期。如北方榛子园麦收前后一般是大量蚜虫天敌发生高峰期，而7～8月份是叶螨天敌高峰期，这些时期防治害虫，应禁止使用广谱性杀虫剂（如有机磷类、拟除虫菊酯类或氨基甲酸酯类杀虫剂），宜选择"环境良好型"杀虫（螨）剂品种。如防治蚜虫可用生理选择性化学杀虫剂吡虫啉、抗蚜威等；生物杀虫剂有阿维菌素；植物杀虫剂有苦参碱等。防治蚜虫，还可以使用机油乳剂。螨类的防治，生理选择性化学杀虫剂有四螨嗪、噻螨酮、哒螨灵、双甲脒等，这些杀螨剂对捕食螨有一定的杀伤作用，使用时要注意，即榛子园有大量捕食螨时要慎用。昆虫生长调节剂中氟虫脲对叶螨的幼、若螨防治效果也很好。7～8月份尽量使用杀虫兼杀螨剂，如甲氰菊酯、联苯菊酯、高效氯氟氰菊酯等防治叶螨。

(2)创造拮抗菌的最适生存环境　拮抗菌是榛子园中的有益微生物菌群，广泛存在于榛子树的叶面、树皮、根面、根际等处。这些有益菌类大多是腐生菌、非病原微生物和低致病菌系，有的对榛子树病原菌有较强的拮抗作用（包括寄生作用、拮抗作用和竞争作用）或诱发植株的抗病性，因而限制了病害的发展。在土壤中，重要的拮抗菌有放线菌或链霉菌、芽孢杆菌、荧光假单胞杆菌、放射农杆菌（K84）、木霉菌等对根部病害有较好的控制作用，其中许多拮抗菌已经开发出商品制剂，用于根病和地上部病害的防治。叶部的拮抗微生物可以直接或间接地影响叶面或其他部位的病害，或与叶面病原物进行营养的竞争，或产生抗生素来抑制病原物。但由于大量施用杀菌剂，或由于土壤理化性质及根系分泌物的影响，或由于大气环境等因素，拮抗菌不能完全控制榛子树病害，还必须通过必要措施增加拮抗菌的数量，以加强其控病能力。这些措施如下。

①增施有机肥和菌肥：如堆肥、厩肥、饼肥、沼肥、绿肥、植株残体等，改善土壤的结构和理化性质，增加透气性，从而改善土壤的微生物环境并增加了拮抗菌的营养，进一步促进了拮抗菌的增殖和活性的提高，是许多土传病害的重要生物防治措施。

②热力处理土壤：利用自然的（如日晒）或人工的热力处理技术处理土壤，刺激土壤中拮抗菌的增殖，削弱病原菌的活力。

③拮抗微生物：将人工培养的拮抗微生物直接施入土壤或喷洒在榛子树上，可以改变根部、叶部或其他部位的微生物群落组成，发挥拮抗微生物的优势，以达到控制病害的目的。

④叶面喷肥：叶面喷施菌肥，改善叶面拮抗微生物的营养，促进其增殖，以减轻叶部病害的发生。如喷施“增产菌”、日本的有效微生物群落（EM）菌肥等。

（二）生物防治

1. 生物防治的原理和防治对策

（1）生物防治的原理　一个稳定、持续的高产农业生态系统应该是自然、平衡的生态系统，其主要特征是生物多样性。这种多样性包括环境、各种生物的食物资源以及生物对天敌的耐受、逃避能力等。榛子树上病虫害的暴发实际上是打破生物间生态平衡而造成的后果。生物防治是通过生物、基因、基因产物的操作和战略引进，导致自然生物间相互作用的平衡朝着有利于人类的方向发展。即通过丰富的生态知识，战略引进有益生物或基因、基因产物，从而达到稳定地、有效地防治靶标病虫的方法。

(2)防治对策

①控制病虫密度：控制有害生物的种群密度，使之达到或低于可接受的阈值。一是引进和移植天敌，即从国外和国内异地引进有效天敌来控制当地害虫。二是保护利用本地天敌，即采取措施创造天敌生存和繁衍的良好生态环境，以增加其种群数量来控制害虫。另外，在进行化学防治时，要选用“环境友好型”药剂，以保护天敌。三是天敌的人工繁殖和释放，通过室内人工繁殖有效的天敌昆虫或昆虫病原微生物并实现商品化，然后释放至榛子园来控制目标害虫。

②利用有益微生物的屏障作用阻止害虫侵染：榛子树叶片及根际周围存在着大量的微生物，有些有益生物群落如微根际真菌，它们能帮助吸收营养和水分，同时保护根部免受病虫的危害。在树体内的微生物(内生型的)产生一些物质能抑制或驱除病原菌；在叶片及根系周围的微生物能竞争或抑制试图进入树体的病原菌。

③用昆虫的性外激素诱杀害虫：如在榛子园中放置桃蛀螟性诱剂和少量农药，杀死桃蛀螟成虫。

2. 病害的生物防治

(1)利用有益微生物防治病害 在自然界中，微生物和微生物之间、微生物与病原物之间存在着相互抑制或相互促进的复杂关系。利用微生物防治榛子树病害，就是利用微生物对病原物的抑制作用。微生物防治病害的方式(机制)主要有竞争(空间和养分)、诱导免疫、抗生(分泌抗生素)和重寄生等。例如，拮抗菌中的拮抗性放射菌的代谢产物——嘧啶核苷类抗菌素，是中国农业科学院分离获得吸水链霉菌北京变种产生的抗生素，它的抗生作用主要是抑制菌丝生长，使菌丝畸变，原生质凝集和小分子物质外流。

放线菌种类繁多，应用于生物防治的放线菌主要是各种链霉菌，其代谢产物几丁质酶是造成菌丝畸变、细胞质凝集和外溢而抑菌的直接原因。

(2)诱导榛子树对病原物产生抗性　用病原物的无毒突变体或与之亲缘关系密切的腐生菌接种，可以对后来病原物的侵染产生抗性。人们把这个现象称为“免疫”、“交互保护”或“诱发抗性”。

(3)利用“陷阱”植物　用经济价值不高的植物作为“陷阱”植物，诱导病原物休眠结构而使其提前萌发，或利用非寄生植物根分泌物刺激其萌发，在没有感病寄生植物的条件下，这些病原物会因饥饿或其他微生物袭击而死亡。

(4)利用天然植物产物　如利用大蒜、番茄叶巧杀红蜘蛛。方法是用大蒜(捣烂成泥状)2 份，水 1 份混拌均匀，取其滤液喷布。或用新鲜的番茄叶(捣烂成浆)加清水 2 倍并浸泡 5 小时，然后取滤液喷洒榛子树，可有效将红蜘蛛杀死。还可用大蒜巧治腐烂病，方法是在有腐烂病斑的树下铺 1 块塑料布，然后用刮刀将坏死组织周围 0.5 厘米宽的健康树皮仔细刮下，深达木质部，再将木质部的变色部分刮干净，然后均匀涂上大蒜黏液。7 天后再涂抹 1 次。使用本法治疗腐烂病效果理想。另外，也可用樟脑精块防治蛀干害虫，如光肩星天牛、桑天牛、木囊蛾等蛀干害虫，既经济又有效。方法是将樟脑精块切成豆粒大小的碎块，找出蛀干害虫幼虫新嚼过的木渣或新排出粪便的孔掏净粪便或木渣，往孔内塞 3～5 粒樟脑精碎块，然后用黄泥封口即可。

(5)阻止病原物形成传播体，使病原物不能产生后代　通过清理和治理中间寄主、传播介体、无病寄主，能有效控制繁殖体扩大。蚜虫传播病毒，可以通过消灭蚜虫而控制病毒病的发生。刺槐、杨树、侧柏等是一些病原菌的中间寄主，要避免用它们作防护林。

(6)取代或排除残体组织中的病原物　清理、焚烧、深埋病残组织，加速病组织腐解，造成营养物消耗和代谢物积累，如果这时病原物不能形成休眠结构，就会“饿死”或被其他微生物寄生而消解。

(7)保护寄主，并增强其健康水平 可以通过接种有益微生物保护剪锯口及花器官、榛实，保护种子、幼苗和根系等易感染部位，如接种5406菌、农杆菌K84、枝状芽孢霉、枯草芽孢杆菌、VAM菌根菌等。树干涂白也有良好的保护作用。向榛子树喷布100～200倍液高蛋白物质，如豆浆、鱼血等能够减弱病毒对榛子树的侵染能力；接种弱病毒株提取物，可以增强榛子树对该病毒的免疫能力。接种共生益菌，如固氮菌、VAM菌根菌、磷细菌、钾细菌等能改善榛子树营养状况，从而增强寄主的健康水平。

(8)利用生物性杀菌及杀病毒剂 生物性杀菌剂作为一种抗生素杀菌剂具有高效、无毒、广谱、安全等特点，是生产绿色食品的理想农药，在生产中被广泛应用的有农用链霉素、多抗霉素、井冈霉素、嘧啶核苷类抗菌素、春雷霉素、土霉素、四环素、中草药及其他植物性杀菌剂。病毒灵、菌毒清、烷醇·硫酸铜为预防病毒病危害的良药，具有防效高、毒性低及残留少的优点。

3. 虫害的生物防治

(1)以菌治虫 昆虫病原菌种类很多，目前用于害虫生物防治的主要是昆虫病原菌中的苏云金杆菌(简称Bt)和昆虫病原菌中的白僵菌、虫霉菌(防治蚜虫)等。

①苏云金杆菌(Bt)：是一类能在菌体内产生伴孢晶体毒素，并且对多种害虫有致病作用的芽孢杆菌。其主要杀虫物质是伴孢晶体毒素，是一种蛋白质，有时称“内毒素”，在碱性溶液中被胰蛋白酶分解成起毒杀作用的物质。鳞翅目昆虫幼虫消化道内，一般pH值为9～10.5，呈碱性，故目前苏云金杆菌多用于防治鳞翅目害虫，用Bt制剂防治的害虫主要有桃小食心虫和卷叶蛾等。

②白僵菌：是目前应用最多的昆虫病原真菌。在我国北方可用来防治桃小食心虫。在田间，桃小食心虫的自然感染率达到

30%～50%，桃小食心虫幼虫感染白僵菌后，初期行动缓慢，出现呕吐、下泻症状，死后身体变软，体色由红色变淡。之后虫体表面长满白色菌丝和分生孢子，因虫体失水，虫尸僵硬干瘪，为幼虫感染的症状，田间容易识别。此外，还可用蚜霉菌防治蚜虫，用汤氏多毛菌防治螨类害虫。

(2)以虫治虫　以虫治虫即用捕食性昆虫（包括蜘蛛和捕食性螨类）和寄生性昆虫来防治害虫。榛子园由于生态系统稳定，为天敌提供了良好的栖息和生存环境。天敌昆虫种类十分丰富，自然发生数量大，是害虫重要的自然控制因素。如捕食性天敌有瓢虫、草蛉、蜘蛛、捕食性螨类等。它们食性较广，除了捕食榛子树上的害虫外，还可捕食林木杂草上的害虫。用西方黑爪螨、草蛉防治针叶小爪螨；用黑土蜂可控制金龟子；红点唇瓢虫、异色瓢虫可控制蚜虫等。这些生物防治措施在害虫虫口数量较低时，都能有效抑制害虫的发生和蔓延。

(3)利用昆虫信息素　信息素是在同种昆虫及各种昆虫之间存在种种能起到传递信息的化学物质，称为信号化合物。根据其作用范围的不同，还可分为若干种，如性信息素、踪迹信息素、聚集信息素和报警信息素等。而目前应用较多的是性信息素。

①性信息素：是在昆虫性成熟后，由特定的腺体分泌释放。大多数昆虫由雌性分泌性信息素，引诱雄虫，但也有一些昆虫是雄性分泌的，还有一些昆虫雌、雄两性都能分泌。研究最多的是鳞翅目昆虫。蛾类主要由雌性分泌性信息素，蝶类则大部分是由雄性分泌。一般雌性分泌的性信息素，作用距离较远，引诱力较强。雄性昆虫分泌的性信息素引诱距离较近。

昆虫的信息素的含量极微，但灵敏度很高，其作用非常有效。试验中表明，1 头未交尾的雌性叶蜂放在笼中，可以诱来 1.1 万只以上的雄蜂。雄性舞毒蛾可以被雌性舞毒蛾从 400～800 米诱来。昆虫性信息素主要应用于害虫的预测预报、直接诱杀雄虫、切断害虫间的联系等方面。人工合成的性信息素叫“性诱剂”，在大田大量散放性诱剂，可使雄虫迷失方向，不能完成交尾，从而达到防治的目的。

第一，防治桃小食心虫，用于预测预报时，使用 0.5 毫克的性外激素诱芯，水碗诱捕器（口径为 16～18 厘米的大碗）诱蛾。水碗内放少许洗衣粉，诱芯距水面约 1 厘米，诱捕器以铁丝悬挂于粗枝上，离地面约 1.5 米。每块园用诱捕器 5 个，逐日统计诱蛾量，以田间最早见蛾期作为地面防治适期，用以指导地面喷洒杀虫剂。树上防治期预测要配合田间定期查卵，在诱蛾高峰期，卵果率达到 1%时，开始喷低毒杀虫药防治。

用于防治时，于越冬幼虫出土期，在树上挂桃小食心虫诱捕器 2 个/667 米^2，同时采取树冠下地面喷药（辛硫磷）杀死出土幼虫的方法，即能达到防治的目的，基本不必在树上喷药。

第二，防治桃蛀螟。使用 0.5 毫克性诱芯的诱捕器，每 667 米^2 挂 1 个诱芯，雌、雄交尾率和虫果率明显下降。

②利用告警激素防治害虫：一是利用蚜虫的告警信息素防治。当蚜虫受到天敌攻击或扰动时，其腹管就会分泌出使周围蚜虫逃逸的告警外激素，主要成分是反-β-法尼烯，为倍半萜烯类化合物，易挥发。实验证明，蚜虫对告警激素有很强的告警作用，能影响蚜虫的定居。田间可将告警激素与杀虫剂混用防治蚜虫。二是利用叶螨的告警信息素防治叶螨。国外已将二斑叶螨的告警激素法尼烯制成缓释液剂出售。当用于田间时，该叶螨对告警激素十分敏感，其活动性增大。用该制剂和常规杀螨剂混用，可明显提高二斑叶螨的死亡率。此外，被告警的二斑叶螨比未受干扰的取食少。

(4)利用杀虫抗生素防治害虫 杀虫抗生素是近 20 年发展起来的生物农药，大多是链霉菌的代谢产物，除对许多病菌有抗菌作用外，对昆虫和螨类有很强的毒杀作用。杀虫抗生素对昆虫或螨类的作用浓度比较低，杀虫效果好；有高度的选择性，对害虫有很强的杀伤力，对益虫较安全；在自然界降解比较快，残留少，不易污染环境。因此，杀虫抗生素是无公害榛子树生产首选的生物杀虫剂。目前，国内常用的品种及使用方法如下。

①浏阳霉素：是灰色链霉菌的发酵产物，具有杀螨活性的大环内酯类抗生素。它是由5个成分组成的混合物，是一种高效、低毒、对环境安全和对天敌无影响的杀螨抗生素。生产上常使用10％浏阳霉素乳油1 000倍液喷雾防治红蜘蛛。该制剂处理的螨类不易产生抗性，对产生抗性的螨类有较好的防治效果，可与多种杀虫剂、杀菌剂混合使用，与少量杀虫剂混合还有增效作用。

②阿维菌素：又叫齐螨素、虫螨光等，是微生物发酵产生的抗生素。用0.1％阿维菌素乳油4 000倍液喷雾防治红蜘蛛，特别对二斑叶螨有很好的防治效果。防治榛子树上的蚜虫可用1.8％或1％乳油4 000～5 000倍液，效果较好。

另外，还可用2.5％华光霉素可湿性粉剂500倍液防治叶螨类，且对各种真菌病害（如腐烂病）有效。

(5)利用其他有益动物防治害虫

①利用昆虫病原线虫防治害虫：昆虫病原线虫是专门寄生于昆虫体内的线虫，种类很多。昆虫病原线虫侵入害虫的途径是从口腔进入虫体，一般是在害虫取食时随食物进入口腔，然后至消化道。另一种途径是经昆虫的体壁侵染，这种寄生线虫的幼虫能分泌唾液，内含能溶解昆虫体壁几丁质的溶解物，破坏害虫体壁的构造，以便穿过体壁进入虫体。寄生病原线虫不同于一般的昆虫寄生线虫，它的消化道内携带着共生细菌。当线虫进入害虫血腔后，共生菌就从线虫体内释放出来，在害虫的血液内快速增殖，使害虫患败血症迅速死亡。有的害虫被寄生后，行动呆滞，食欲减退，不交尾，不产卵，最后死亡。

利用病原线虫主要优点在于能控制某些较为隐蔽的害虫，特别是卷叶、蛀果、蛀茎者，如卷叶蛾、桃小食心虫、木蠹蛾等，较广泛用于害虫的防治。

利用异小杆线虫防治桃小食心虫。1984 年我国从山东泰安分离出一种异小杆线虫，用来防治桃小食心虫，在幼虫出土前 15 天喷施 1 次 100 万条/米^2 的线虫悬浮液，并结合树上喷雾，能将桃小食心虫虫果率控制在 1%以下。

②利用益鸟防治害虫：鸟类也是榛子园害虫的重要天敌类群之一，在自然界形成重要的自然控制力量。对益鸟要禁止人工捕猎或毒害；不要破坏鸟巢和伤及卵和幼雏；人工筑巢招引益鸟；避免频繁地施用广谱性杀虫剂，以免误伤或使鸟类躲避榛子园。

四、榛子生产中常用农药及使用方法

榛子生产中，控制病虫害发生和发展的药剂有：微生物农药、植物源农药、无机或矿物性农药、动物源与特异性农药等。

（一）微生物农药

1. 嘧啶核苷类抗菌素　嘧啶核苷类抗菌素 4%果树专用型 600～800 倍液喷雾可防治白粉病。该药剂中含有 10 种氨基酸，还能起壮树抗病的作用。

2. 浏阳霉素　浏阳霉素是杀螨剂，属于高效低毒农药，对天敌较安全，不杀伤捕食螨，害螨不易产生抗性，对叶螨、瘿螨都有效。本药具触杀作用，无内吸性，药液直接喷在螨体上药效较高，对成、若螨及幼螨有高效，但不能杀死螨卵。

(1) 使用方法　于各种叶螨的成螨、幼螨、若螨集中发生期进行防治，用 10%浏阳霉素乳油 1 000 倍液喷雾即可。

(2)注意事项　该药剂主要是触杀作用，喷药时要均匀周到，使枝叶全面着药，效果才好。可与多种杀虫剂、杀菌剂混用，但与波尔多液等碱性农药混用时，要现配现用。

3. 苏云金杆菌　苏云金杆菌是一种细菌性杀虫剂，它能产生内、外2种毒素，主要是胃毒作用，害虫吞食后进入消化道产生败血症而死亡，具有安全无毒、对榛子树无药害、不杀伤天敌等优点。我国生产的苏云金杆菌中大多加入0.1%～0.2%的拟除虫菊酯类杀虫剂，可加快害虫死亡速度，并能增强防效。

(1)使用方法　可用来防治榛子树上的刺蛾、毒蛾、天幕毛虫、食心虫的幼虫等多种鳞翅目害虫。在低龄幼虫期使用，治虫效果较好，使用500～1 000倍液均匀喷雾。

(2)注意事项　苏云金杆菌或可湿性粉剂杀虫速度较慢，用药时间应比化学药剂提前2～3天，不能和内吸性杀虫剂或杀菌剂混用，但可和低浓度菊酯类农药混用，可提高防效。本药对蚜虫、螨类等刺吸式口器害虫无效。

4. 阿维菌素　阿维菌素是一种杀虫、杀螨剂，属于昆虫神经毒剂，主要干扰害虫神经生理活动，使其麻痹中毒而死亡。可用来防治榛子树上的蚜虫、叶螨、食心虫等。

(1)使用方法　在害(螨)虫发生初期施药喷雾，用1.8%乳油5 000～8 000倍液防治叶螨，防治二斑叶螨用4 000～6 000倍液。

(2)注意事项　该药剂无内吸性。喷药时要喷洒均匀，不能与碱性农药混用，夏季中午时间不要喷药，以避免强光、高温对药剂的不利影响。

(二)植物源农药

1. 辣椒水　50克辣椒面对水1升，煮10分钟冷却过滤，喷雾防治蚜虫。

2. 楝素 用0.5%楝素乳油1 000～2 000倍液喷雾，防治食叶毛虫等。

3. 烟草 用烟叶1千克泡入10升热水中，揉搓后捞出，再放入10升清水中揉搓。将两次洗搓烟叶的水合并与10升石灰水(其中含石灰0.5千克)混匀后喷雾，可防治蚜虫、蓟马、椿象等。

4. 9281绿树神医 由中西药和生物液复配而成。在腐烂病疤上划道后涂抹4～5倍液，治疗效果较好。

(三)无机或矿物性农药

1. 石硫合剂 石硫合剂是榛子园常用的杀菌、杀虫、杀螨药剂，具有不产生抗药性的优点。商品用石硫合剂的原液浓度一般在32波美度以上，自行熬制的石硫合剂浓度多在22～28波美度。使用前应先用波美度表测定原液的浓度，然后根据需要的使用浓度加水稀释。稀释倍数的计算公式：

$$\text{加水稀释倍数}=\frac{\text{原波美度}-\text{需要稀释的波美度}}{\text{需要稀释的波美度}}$$

在榛子树休眠期和萌芽期，用3～5波美度石硫合剂，防治腐烂病、白粉病等。在生长季节用0.3～0.5波美度石硫合剂，可防治白粉病等，并可兼治叶螨类。

2. 波尔多液 波尔多液是一种保护性杀菌剂，有效成分是碱式硫酸铜，喷洒药液后在植物体和病菌表面形成一层很薄的药膜，该膜不溶于水，但在二氧化碳、氨、树体及病菌分泌物的作用下，使可溶性铜离子逐渐增加，而起到杀菌作用，可有效阻止孢子发育，防止病菌侵染，并能提高树体抗病能力。

生产上常用的波尔多液比例有：波尔多液石灰等量式(硫酸铜∶生石灰＝1∶1)、倍量式(1∶2)、半量式(1∶0.5)和多量式(1∶3～5)。用水一般为160～240倍。

配制方法是按用水量的一半溶化生石灰，待完全溶化后，再将二者同时缓慢倒入备用的容器中，不断搅拌。也可用 10%～20% 的水溶化生石灰，80%～90% 的水溶化硫酸铜，待其完全溶化后，将硫酸铜溶液缓慢倒入石灰乳中，边倒边搅拌即成波尔多液，但绝对不可将石灰乳倒入硫酸铜溶液中。否则，质量不好，防效较差。

3. 索利巴尔　为 70%多硫化钡可溶性粉剂，具有石硫合剂的功能，可防治榛子树的一般病害。使用时注意一定要稀释(先用 5 倍水稀释，搅拌 1 小时后再稀释至所需浓度)。

4. 柴油乳剂　用柴油、中性皂水和水按 10∶1∶10 比例熬成，榛子树休眠期喷洒 10 倍液可杀伤越冬的介壳虫等多种害虫。

(四)动物源与特异性农药

1. 灭幼脲 3 号　灭幼脲是一种昆虫生长调节剂，属特异性杀虫剂。害虫取食或接触药剂后，抑制表皮几丁质的合成，使幼虫不能正常蜕皮而死亡。主要是胃毒作用，也有一定的触杀作用，但无内吸性。对鳞翅目和双翅目幼虫有特效，不杀成虫，但能使成虫不育，卵不能正常孵化。毒性低，对人、畜和植物安全，对天敌杀伤小，药效较慢，2～3 天后才能显示杀虫作用。

灭幼脲对鳞翅目害虫有特效，在低龄幼虫期，用 25%灭幼脲 3 号胶悬剂 1 500～2 000 倍液防治刺蛾、舞毒蛾等。

2. 菌毒清　菌毒清是一种氨基酸类内吸性杀菌剂，有效成分为甘氨酸取代衍生物，杀菌机理是凝固病菌蛋白质，破坏病菌细胞膜，抑制病菌呼吸，使病菌酶系统变性，从而杀死病菌。具有高效低毒、无残留等特点，并有较好的渗透性，对侵入树皮内的潜伏病菌有一定的铲除作用，可用来防治多种真菌、细菌和病毒引起的病害。

防治腐烂病等枝干病害，用 50%菌毒清水剂 30～50 倍液。在刮治后的病斑上涂抹 2 次(每次间隔 7～10 天)，效果较好，并有强烈的刺激生长作用，能促进伤口愈合，其愈合效果优于福·福锌，病疤复发率较低，与福·福锌相当。也可在早春，榛子树发芽前用5%菌毒清水剂100～200倍液，喷洒树体枝干，药液用量控制在滴水程度，可铲除腐烂病病菌。不能与其他农药混用，低温时易出现结晶，可用温水隔瓶使其融化，不影响药效。

3. 吡虫啉 吡虫啉是新一代氯代尼古丁杀虫剂，具有广谱、高效、低毒、低残留，害虫不易产生抗性，对人、畜、植物和天敌安全等特点，并有触杀、胃毒和内吸性多重药效。害虫接触到药剂后，中枢神经正常传导受阻，使其麻痹死亡。速效性好，药后1天即有较高的防效，残留期长达25天左右。

防治蚜虫、卷叶蛾等害虫，可用10%吡虫啉可湿性粉剂4 000～6 000倍液喷雾，或用5%吡虫啉乳油2 000～3 000倍液喷雾。不能与碱性农药混用，药品应存放在阴凉干燥处。

4. 蛾螨灵 由灭幼脲3号和15%哒螨灵复配而成，除灭幼脲3号的防治对象外，还可防治红蜘蛛。

（五）低毒、高效、低残留合成农药

1. 氯氰·吡虫啉（多虫清） 由4%氯氰菊酯和有机磷（40%丙虫磷）农药复配的杀虫剂。可用于防治榛子树上的蚜虫，用44%乳油1 500～2 000倍液喷雾，防治卷叶蛾、舞毒蛾等。不能与碱性农药混用。

2. 甲氰·噻螨酮（农螨丹） 是噻螨酮和甲氰菊酯混配的低毒杀虫杀螨剂，可兼治害螨和害虫，具有触杀和胃毒作用，对害螨各虫态都有效，速效且持效期长（50～60天）。防治害螨，在开花前后，害螨发生初盛期，平均单叶有螨3～4头时防治，用7.5%甲氰·噻螨酮乳油1 000～1 500倍液均匀喷雾，对卵、幼螨、若螨和成螨均有效，持效期50天左右。

3. 代森锰锌 代森锰锌属于有机硫类保护性杀菌剂。它可抑制病菌体内丙酮酸的氧化,从而起到杀菌作用。具有高效、低毒、杀菌谱广、病菌不易产生抗性的特点,且对树体缺锰、缺锌症有治疗作用。

在榛子树发病前和发病初期用70%或80%代森锰锌可湿性粉剂600～800倍液,防治叶斑病、炭疽病等。每15天1次,可与其他杀菌剂交替使用,共喷3～5次。

4. 843康复剂 843康复剂是由腐殖酸、中药材和化学药剂等复配而成的一种杀菌剂。该制剂具有保护树体,不烧伤皮下组织,增强树体内营养输导和促进愈合能力,复发率低等特点,是一种高效、低毒、低残留的杀菌剂。

主要防治榛子树枝干病害,在彻底刮除病斑后,用毛刷将843康复剂均匀地涂抹在病斑上,10～15天再涂1次。涂抹后20～40天伤口开始愈合,并长出新的组织。亦可用作整枝修剪时的封口剂,在修剪后的伤口上用843康复剂涂抹,既可预防腐烂病病菌的侵染,又能加速伤口的愈合速度。

另外,常用的高效低毒药物还有:波尔·锰锌、甲霜·锰锌、噁霜·锰锌、抗蚜威、毒死蜱、马拉硫磷、甲基硫菌灵、多菌灵、异菌脲、三唑酮、甲霜灵、百菌清、四螨嗪、噻螨酮、炔螨特、甲氰菊酯、高效氯氰菊酯、氰戊菊酯等药物。

五、其他灾害防治

榛子树经常发生的自然灾害有冻害、冻旱、霜冻、涝害等。为了防止或减少此类灾害发生,应采取以下根本措施:一是注意榛子园地点的选择,避免在经常发生上述某种灾害的地点建园。二是积极创造条件,如建立防护林,增加有机质,改良土壤,搞好水土保持工作等，均有利于防止各种灾害的发生。如雨水多的地区为了防涝，可采取高畦栽培。干旱地区，则采取中耕、除草、覆盖、蓄水，加强根系分布层的抗旱栽培措施。三是加强榛子园综合管理技术，保持树势健壮、增强抗性。现将直接影响榛子生产的冻害、冻旱、霜冻、涝害等灾害和防治措施分述如下。

（一）冻　害

指榛子树在休眠期因受零下低温（欧洲榛为－4℃以下，杂种榛子为－30℃以下）的伤害，而使细胞和组织受伤或死亡。

1. 冻害的表现及原因　榛子树冻害一般表现为幼树1～2年生枝条，轻微冻害时，仅髓部变成褐色；较重时，枝条干枯。多年生枝冻害，常表现为树皮局部冻伤，冻伤部分皮层变成褐色；其后，逐渐干枯。芽受冻时，芽苞干裂，鳞片张开、芽干枯。雄花序受冻，花药变成深褐色，雄花序不能正常开放。

影响榛子树冻害发生的因素很复杂。从内因来说，冻害与品种、树龄、生长势、当年枝条发育成熟度及越冬锻炼情况密切相关。从外因来说，则与地理位置、土壤、地势及当年的气象因子等均有很大关系。

榛子树因种类、品种不同，抗寒力差别很大。欧洲榛抗寒力差，休眠期只能耐－4℃～－6℃低温，杂交榛子树则能耐－30℃的低温。欧洲榛芽鳞片少且松散，芽易冻，杂交榛的芽鳞片多，而且包得紧，芽不易受冻。枝条成熟度强的、营养物质积累多的则抗寒性强；反之，枝条成熟度差，不充实，营养物质积累得少，则抗寒力弱，易受冻害。树势强壮的榛子树较生长势弱的抗寒力强。气象条件是造成冻害的直接因素，持续低温，土壤干旱及空气干燥等会加重冻害。阳面枝干较阴面枝干冻害重。有雪覆盖榛子园的榛子树更有利于越冬。冬季气温高，可明显地减轻榛子树冻害。

2. 防止冻害的主要措施

(1)选育抗寒品种 这是防冻害最根本而有效的措施和重要途径。如目前已培育的抗寒丰产的平欧杂种榛达维、玉坠、薄壳红以及辽榛3号等品种。

(2)因地制宜,适地栽培 如欧榛系适宜在北纬32°～36°的黄河至长江流域,年平均温度13℃～16℃的地区栽培。而平欧杂种榛系品种可在年平均温度7℃～7.5℃的沈阳以南至黄河流域(北纬42°～32°)地区栽培。

(3)加强年周期的综合管理技术 对提高其抗寒力具有重要作用,如春季加强氮肥和水分的供应,促进前期旺盛生长,使枝条生长健壮;后期应及时控制氮肥和水分,增施磷、钾肥和夏季修剪,促使新梢及时停止生长,使之充分成熟、积累养分,接受锻炼,及时进入休眠,提高抗寒力,特别是幼树尤为重要。

(4)加强树体越冬保护 榛子树定植后每年要在土壤结冻前对树干基部培土,高度为25～30厘米。另外,设风障、包草、涂白等均有一定效果。

(二)冻旱(抽条)

榛子树越冬后枝干失水干枯的现象叫冻旱,又称抽条。

1. 榛子树抽条的表现和原因 榛子树抽条表现为枝干抽干失水,表皮皱缩,木质部呈白色、干枯,芽不能正常开放,造成树冠残缺不全,树形紊乱,结果没有保证。严重时整株树冠干枯死亡。抽条顺序是1年生、2年生、多年生枝乃至树干。抽条原因有:一是由于冬季期间,土壤水分冻结或地温过低,根系尚未活动,不能吸收水分,而地上部因空气干燥、多风而强烈蒸腾,造成植株严重失水。抽干属于生理干旱,并非低温冻害引起的枝芽抽干现象。二是树体内部原因,不同品种抗冻能力不同,抗冻旱能力强的品种其枝条上的皮孔小而稀，皮孔总面积少，角质层、木栓层发达。一般平欧杂种榛系强于欧榛系，平欧杂种榛系中如 82-15、达维等品种抗抽条能力强，抽条现象极少。另外，与树体枝条越冬前的状态有关，新梢前期生长良好，后期及时结束生长，进行了越冬前抗寒锻炼的，能自然落叶、枝条充实的则抽条现象少；反之，抗寒性差的，抽条现象严重。

2. 防止抽条的措施

(1)采用综合技术措施 促使枝条充实，增强越冬性。重点是促进前期生长正常，后期及时停止生长。严格控制秋季水分，排去过多水分。后期不施氮肥，增施磷、钾肥。此方法可减轻越冬树抽条。

(2)早春喷布防冻液 辽宁地区一般在 2 月下旬至 3 月 1 日前对树冠喷布防冻液，可有效地防止或减少树体水分蒸发，减轻抽条。

(三)霜　冻

1. 霜冻表现与原因 榛子树在生长季节由于急剧降温，水汽凝结成霜而使树体幼嫩部分组织受冻，称之霜冻。对于榛子树来说，在北方地区晚霜较早霜更具危害性，春季随着气温的上升，树休解除休眠，进入生长期，雌花开放早，易受霜冻，大连地区 3 月中下旬，沈阳地区于 3 月下旬至 4 月上旬雌花开花。此时遇霜冻，0℃以下低温可使雌花柱头变黑，停止伸长，不能授粉受精。当萌芽期受霜冻时，嫩芽、嫩叶变成褐色，影响树体发育和当年产量。

霜冻发生与外界条件有密切关系。在冷空气易于聚集的地方发生霜冻较重，在空气流通处霜冻轻。湿度大可以缓冲温变，减轻霜冻危害，温度回升慢植株受害轻，树体可以恢复，如果温度骤然回升则会加重受害。

2. 防止措施　一是榛子园园地选择时，避免易经常出现霜冻的地区，选雌花开花晚的品种定植。二是延迟萌芽和开花时间，可以减轻霜冻危害程度。春季喷水、灌水多次，可降低地温，延迟开花，花前灌水 2～3 次，可延迟开花 2～3 天。连续定时喷水可延迟 7～8 天开花。春季对主枝干涂白，可减少对太阳热能的吸收，延长开花 3～5 天，或用 7%～10%的石灰液喷布树冠，花期也可延期 3～5 天。三是在春季开花期，要经常听天气预报，一旦预报有霜冻，要及时准备，在榛子园内熏烟。熏烟方法是用易燃的干草、刨花、秫秸等，与潮湿的落叶、草根、锯屑等分层交互堆起，外面再覆一层土，中间插上木棒，以利于点火和出烟，发烟堆不高于 1 米。发烟堆要分布于榛子园四周和内部。根据气象预报，在有霜冻的夜晚，当温度降至 5℃时即可点火发烟。也可用配制的防霜烟雾剂防霜冻，效果很好。烟雾剂的配方为：硝酸铵 20%、锯末 70%、废柴油 10%。将硝酸铵磨碎，锯末过筛，锯末越细发烟越浓，持续放烟时间越长。霜冻来临之前，将配料按比例混合放入铁桶或纸筒内，根据风向放置药剂，待霜降前点燃，可提高温度 1℃～1.5℃，烟雾保持 1 小时左右。四是加强榛子园综合管理，增强树势，可提高抗霜能力。

（四）涝　害

榛子树是浅根性树种，既不耐干旱，又怕水涝，树盘内长期积水，则使根系呼吸困难，因而发育不良，特别是以幼树为最，轻者可导致以后树体终生发育不良，重者可导致整株死亡。

防涝措施：一是建园选地时，注意选择排水良好的地块和土壤。二是雨季要及时排水，避免树盘内积水。三是在排水不良的平地榛子园栽榛子树时，栽植树行要筑台田，台田高 20～25 厘米，行间挖排水沟排水。

第九章 榛子果实的采收、贮藏与加工

一、采　收

（一）采收时期

榛子成熟的时期与种类、品种、品系、生长的气候特点等均有密切关系。平榛在东北地区，一般于8月下旬成熟。平欧杂种榛系的成熟时期在8月中旬至9月上旬。生长在阳坡的榛子比生长在阴坡的成熟早。同一株丛内，树冠外围及顶部果实首先成熟，下部及内膛的则成熟晚，因此分期采收较为合理。

榛子必须充分成熟才能采收。过早采收种仁不饱满充实，晾干后易形成瘪仁，降低其产量和质量。采收过迟，果实则自行脱苞落地，榛果果苞落地收集不及时，易造成果实外观变色，影响其质量。榛子的适时采收标志是，果苞和果顶由白变黄，果苞基部有一圈变成黄色，俗称"黄绕"。此时果苞内果实用手一触即可脱苞，为适宜采收期。一般同一榛子园采收期持续7～10天。

（二）采　收

1. 人工采收　平榛树形较矮，手采方便。采收时可连同果苞一同采下。采后集中运至堆果场，准备脱苞。

平欧杂种榛系的一些品种树体较高，但仍可以直接手采带果苞的果实。或待果实脱苞落地，再捡拾集中起来，在采收季节可以每天捡果1次。或采用振动大枝的方法，使榛果落地，再集中收集起来。采用此法采收，必须事先清理园地。

2. 机械采收　机械化采收榛子适于大面积榛子园。目前在国外如意大利、美国的先进农场均采用机械化采收。其优越性是机械化采收可大大节约人力，提高工作效率，降低成本，所采收的榛子成熟度好，质量高。例如，意大利最先进的自走式采收机CIMINA 300型1人操作，8小时可采收2公顷榛子园，这种采收机还可采收板栗、核桃和扁桃。其机械化采收工作程序如下。

(1)采收前的准备　在榛子收获期前做好田间准备工作。用整平青草机在榛子树的株行间清除杂物，割掉杂草，土地压平，准备榛子成熟自然落地。所采用的机械为拖拉机带动整平青草机。

(2)清扫　清扫机是用拖拉机带动2个圆形清扫盘旋转清扫，将掉下的果实连同果苞、树叶扫成一堆或一行，放在行间，然后用采收机进行收获。

(3)采收　榛子采收机工作是采用吸气的原理，将落地果实、果苞用一条直径25～30厘米的管子吸进机器内，然后将果实和枝叶、果苞及土块分离。过去的采收机是用拖拉机带动采收机行走采收。现在最新设计的CIMINA 300型自带动力，自己行走，工作效率高。在榛子成熟季节，一般集中采收2次可完成全部过程。

二、采后处理

(一)脱　苞

堆积带苞榛子,使果苞发酵后榛子自动脱苞。其方法是将采下来的带苞果实堆置起来,厚度为 40～50 厘米,上面覆盖草苫或其他覆盖物,使果苞发酵 1～2 天。在堆置过程中注意检查堆内温度、湿度。温、湿度过高会使榛子发酵过度,果壳色泽过深,失去光泽,严重时榛仁不能食用,应特别注意。堆置后用木棒敲击即可脱苞,也可采用手工脱苞。

用谷物脱粒机脱苞。近几年由于生产量较大,很多地方开始应用脱粒机脱苞。脱粒机脱苞的效果好于堆积手工脱苞。机械脱苞速度快且果实色泽较好。

(二)除　杂

将已脱苞的榛子,用扬场机使果实与果苞分开。然后将榛果送入清选机或"风车",清除碎果苞片、枝叶等杂质,以及空粒、虫果,得到纯净的榛子。

另一种方法是将榛子全部浸入水中,除掉石子和泥土,然后把纯净的榛子放在阳光下或热空气干燥机中干燥。

(三)干　燥

经过清选除杂后的榛子,其含水率为 18%～20%,不宜贮藏,应及时进行干燥，其方法如下。

1. 晾晒 把清选后的榛子放在阳光下晾晒，使之干燥。但也不宜暴晒，否则会使果壳开裂，也不耐贮藏。

2. 自然通风干燥 即搭一个干燥棚，用木板和苇席搭成铺面，离地面高 70～80 厘米，铺面宽度以便于翻动操作为宜。其上用苇席遮阴，使之既通风，又避暴晒。把榛子平摊在铺面的苇席上，其厚度不超过 5 厘米，每日翻动 1～2 次。在 18℃～22℃条件下，经过 6～8 天晾晒，榛子含水率可降至 4%～7%，即可以贮藏。在晾晒过程中如遇阴雨天，应在室内干燥，如北方的农村土炕即可进行干燥。

3. 干燥器干燥 发达国家采用干燥器进行干燥，效率高，干燥的榛子质量好。采用电或柴油做动力，向干燥器内吹热风。大型的干燥器 1 次可干燥 2 吨榛果，小型的可 1 次干燥 0.5～1 吨榛果。干燥器内温度为 36℃～40℃，最高不宜超过 45℃。当榛子含水量降至 7%以下即可贮藏。

三、贮 藏

（一）贮藏条件

榛子含水量极少，含水率 5%～7%，较耐贮藏。但是榛仁对温、湿度反应敏感。贮藏期间，气温超过 20℃或长期见光会加速脂肪转化而产生“哈喇味”，不能食用；湿度过大（空气相对湿度达 75%以上）会使果实发霉。因此，贮藏榛子的条件是低温、低氧、干燥、避光。适宜的条件是气温 15℃以下，空气相对湿度 60%以下，仓库内光线较暗，榛果可以贮藏 2 年不变质。

(二)贮藏方法

1. 普通仓库贮藏　按前述的要求纯干的榛子方可入库。包装以麻袋、金属丝篮子、网兜等容器均可。为了延长贮藏期，用牛皮纸小包装，每袋10千克，袋口封严。仓库要清洁、干燥、通风。

仓库内可以用麻袋码垛存放，既减少占地面积，又便于清点搬运。这种存放方法不能紧贴地面，不要靠墙，码垛底部及四周要留出通风空间。贮藏期间要经常检查是否有漏雨、水浸、虫害、鼠害等情况发生，而且仓库内要经常通风、保持清洁。

2. 二氧化碳密闭贮藏　是为了防止夏季引起榛仁变质而采取的措施。即在前方法堆码垛的基础上，先在地面铺1层塑料布，码垛之后在其上面罩一塑料罩。将上下塑料布的边缘重叠在一起，用沙土压紧以防漏气。然后由底部充入二氧化碳气体，并注意防止漏气。同时尽量避免外界高温影响库内温度。

四、加　工

(一)榛果加工

1. 榛果的炒食方法　榛子可以生食，其味清香宜人。但若炒食，其质地酥脆香味更浓。现介绍几种炒食方法：一是准备干净的细河沙，将其过2.5～3毫米孔径的细筛。榛子与沙子的比例，按体积计算为1∶1。将沙子入锅内炒至发烫，然后把榛子倒入锅中与沙子一起用文火炒，不停地翻动使榛果受热均匀。炒7～10分钟，品尝榛仁，脆香而无煳味，即速出锅，筛除沙子，把出锅的榛果用水漂洗，除去浮土，再入锅复炒至干。用此法炒制的榛果，外表干净，色泽与原来变化不大。榛仁酥脆，香味更浓。炒制前后，榛果重量不变。二是用榛果 1 千克，细盐 50 克，黄沙 0.8 千克。先用 0.5 升热水把细盐溶化，备用，炒时先把黄沙倒入锅内炒至发烫，放入榛果翻炒，火不宜太急。约炒 10 分钟，榛仁呈黄色时，急速出锅。将沙子筛除，把榛果倒入干盆内，速将浓盐水倒入并搅拌。稍停片刻捞出榛果，晾干后即可食用。用此法炒制的榛果，榛仁酥脆，略带咸味，炒制前后榛果重量不变。三是把榛果用水洗净，备用。把锅烧热，榛果入锅用文火炒，不停地翻动，使榛果受热均匀。炒 7～10 分钟，即熟，速出锅，晾凉后可以食用。生榛果炒制后，熟榛果为原重量的 94%～95%。

2. 果仁的加工

(1)咸果仁　用料为榛仁 1 千克，精盐 50 克或 100 克，冷水 1 000 毫升。先配制 5%～10%食盐水，然后把榛仁放入盐水中浸泡 8～10 小时，捞出榛仁，晾一晾。待榛仁半干时，用小火慢炒，不停地翻动，炒 5～7 分钟即熟。用此法炒制的咸果仁，脆香、略带咸味。浸 5%食盐水的适于零食用，用 10%食盐水浸的适于用餐时的菜肴。

(2)甜果仁　用料为榛仁 1 千克，白糖 150～250 克，冷水 500 毫升。先把白糖倒入水中溶解，配成 30%～50%的白糖水备用，再把榛仁用冷水浸泡 1～2 小时，捞出后稍晾一会儿。然后把榛仁放入锅内，用小火慢炒 5～7 分钟，榛仁熟时速出锅，倒入糖水中浸一浸，约 1 分钟，捞出榛仁，放在锅里复炒至干，即可食用。用此法炒制的榛仁，圆润光泽，酥脆香甜。

(二)食品加工

1. 榛子饮料　制备方法为，先制榛子汁，生榛子仁用冷水浸泡 8～12 小时，然后将浸泡后的榛子仁放进榨汁机中榨汁，再制得榛子汁。

2. 榛子巧克力　意大利榛仁食品加工历史悠久，所加工的榛仁食品多种多样，质量上乘，除了本国销售之外，还出口到欧洲及世界各国。其 FERRERO 加工厂，为世界著名的榛子食品加工厂。该厂生产的岩石榛仁巧克力，已在我国北京、上海和大连等地销售。该厂用榛仁加工的产品种类很多，概括起来分为五大类，有几十种产品。诸如岩石球类、榛仁巧克力糖类、榛仁甜点心类、榛子巧克力酱和冰淇淋类。此外，还有名目繁多的榛仁食品加工产品。

3. 榛子钻石杯原料配方与制作过程

(1)原料配方　中性慕斯粉 100 克，水 300 毫升，鲜奶油 200 克，榛子浓缩果酱 24 克。表面装饰材料钻石果冻粉 50 克，水 500 毫升，百香果颗粒果酱 200 克。

(2)制作过程　将中性慕斯粉和水充分搅拌均匀，至慕斯粉拌均匀后，即可倒入模具冷冻，每只慕斯重约 65 克。将水、百香果颗粒果酱放入锅中煮沸，再加入果冻粉拌匀，至果冻粉完全溶解均匀，趁热倒入模具中，放入冰箱冷藏，冷却后，再切丁待用，每杯表面装饰约重 35 克。

(三)世界其他国家的榛仁食品加工

1. 土耳其榛子加工产品　在土耳其，榛子加工产品的 80%应用在巧克力和糖果行业中。用在面食、糕点、饼干生产以及作为零食的榛子，各占 15%和 5%。榛子巧克力酱的配方为脂肪 20%～25%，榛子酱 10%～15%，奶粉 5%～10%，乳清粉 3%～5%，可可粉 5%～10%，卵磷脂 0.3%～0.5%。

榛子巧克力酱的生产流程如下：在榛子巧克力酱的制作中，主要步骤是将配方中所提到的配料与额外的卵磷脂和一些油脂混合。为了能调整混合物中最终适宜精炼脂肪的含量，最初不要将全部油脂加入混合。混合物被精炼成直径为 20～25 微米。将精炼后的薄片送入精磨机。在精磨过程中，再加入卵磷脂和剩下的油脂。精磨过程持续 5 个小时。然后，用泵将最终产品灌入贮藏罐。成品的温度不应高于 60℃。在分装操作前，成品的温度需冷却至 40℃。然后，被自动灌装到不同容量的玻璃或 PVC 容器中。灌装后的成品，应立刻冷却至 15℃～20℃，以形成油脂晶状结构。在这种结构中，液态的榛子油被酱吸收。通过这种方式，可以阻止高温下油的析出。经过最后的冷却过程，产品就可以上市出售了。冷藏后，产品的可延展性是产品的质量标志。

2. 意大利榛仁食品加工 意大利榛仁糖果工艺：一是原料准备，将榛仁烤熟、脱皮和破粒。把榛仁分别破碎成大小不等的颗粒，磨成粉，制成榛子酱。二是制备糖料。三是混合，将糖料与果仁混合，制成果仁饼、榛子巧克力、榛子巧克力酱、酒心巧克力、岩石巧克力球和甜点等。四是成形、切割。五是包装。六是质量检查。七是产品贮存。

附录　榛子园作业历(营口)

1 月份主要作业

种子沙藏。

2 月份主要作业

(1)制定全年生产计划,生产资料准备。

(2)2 月末进行整形修剪。修剪在春季萌动前完成。要根据不同品种的特性及树龄合理修剪,目的是使幼树尽早扩大树冠,培养合理丰产树形,盛果期合理负载,防止大小年现象,保持树体旺盛。结合修剪采集接穗,将芽体饱满充实的 1 年生枝整理成小捆,挂标签在窖内湿沙埋藏,以备嫁接所用。

3 月份主要作业

(1)上中旬嫁接。

(2)中下旬在雄花盛花期采集雄花,用细橡皮头等蘸花粉对完全开放的雌花柱头进行轻点授粉(正常年份按上述操作,在一些年份可适当推迟)。

4 月份主要作业

(1)榛子树萌发时,注意观察食芽、食叶害虫,进行防治。

(2)播种(上旬)。

(3)新建榛子园定植苗木、定干、灌水、覆膜(清明前后)。

5 月份主要作业　除萌蘖,要求将萌蘖从紧贴地面剪除。

6 月份主要作业

(1)除草松土,保持树下无杂草。

(2)榛子园追肥。上旬正值膨大期和新梢生长迅速期,营养需求集中,需追三元复合肥。施肥量幼龄榛子园(2～3 年生)每 667 米^2 施 10 千克左右,盛果初期(5～7 年生)每 667 米^2 施 25 千克左右,盛果期树(8 年生以上)每 667 米^2 施 30 千克左右。

(3)压条繁殖。中下旬利用根蘖进行绿枝直立压条繁育苗木,先把当年生根蘖枝,下部距地面 20～25 厘米高的叶片摘除,在当年生根蘖枝离地面 1 厘米的位置,用细软铁丝横缢 1 圈,在横缢处以上 10 厘米高范围喷布生根剂,然后把母株基生枝用土培上。另外,上中旬如降雨少应灌水 1 次。

7 月份主要作业

(1)上中旬是坚果迅速发育及花芽分化期、新梢生长旺盛时期,进行第二次追肥或叶面喷肥。

(2)注意除草松土,保持榛子园无杂草,并及时除萌蘖。

(3)注意白粉病,及时防治病虫害。

8 月份主要作业

(1)清理榛子园杂草等,保持地面干净,中下旬陆续采收果实,并进行果实脱苞、晾晒(果实水分含量 7%即可),然后放置于阴冷、干燥的地方。

(2)注意榛子园排水。

9 月份主要作业

(1)清理榛子园杂草及树下萌蘖。

(2)雄花过多的品种,对着生在枝条顶端及细弱枝上发育不良的雄花芽及过量集中的雄花芽进行疏除,以减少树体的营养消耗及休眠期水分大量蒸发。

(3)秋施基肥,以有机肥为主,施肥后需随即灌水。

10 月份主要作业

月末起苗、分级、贮藏。

11 月份主要作业

(1)中下旬灌封冻水 1 次。

(2)榛子树基部培土防寒。

(3)树干涂白,保护树体。

12 月份主要作业

(1)种子沙藏。

(2)全年生产总结。

参考文献

[1] 梁维坚,等．大果榛子育种与栽培[M]. 北京:中国林业出版社,2002.

[2] 梁维坚．榛子[M]. 北京:中国林业出版社,1987.

[3] 聂洪超,等．杂交榛子生产上存在的问题及发展建议[J]. 北方果树,2010(6).

[4] 聂洪超,等．榛子栽培技术[J]. 北方果树,2008(1).

[5] 孙万河,等．平欧杂交榛子育苗及丰产栽培技术[J]. 北方果树,2007(1).

[6] 梁维坚,等．榛子新品种选育研究[J]. 中国果树,2002(2).

[7] 张玉君,等．杂交榛子苗木繁育技术[J]. 现代农业科技,2009(18).

[8] 陈树满,等．野生榛林垦复试验初报[J]. 辽宁林业科技,1982(5).

[9] 张宇和,等．中国果树志．板栗榛子卷[M]. 北京:中国林业出版社,2005.

[10] 林宝凤,等．大果榛子的合理施肥方法[J]. 现代农业,2011(8).

[11] 马瑞峰,等．辽宁省野生平榛垦复利用栽培技术[J]. 现代农业科技,2009(11).

[12] 武景和,等．铁岭榛子丰产技术[J]. 山西果树,2009(2).